企業価値評価と農業法人

持続可能性による価値創造

吉田真悟・田井政晴

日本経済評論社

はしがき

吉 田 真 悟

　日本の農業において大規模な農業法人が果たす役割はますます大きくなっている。それに伴って，農業法人の活動が環境や社会，経済に与える影響も大きくなり，多様なステークホルダーに対する価値創造が農業法人の重大な責務となっている。しかし，近年のこうした変化に対して，農業法人の活動で生み出される価値を評価する枠組みは確立されていない。一般的に，企業が将来的に生み出す価値の総体を企業価値として評価する理論的なフレームワークは，例えばインカム・アプローチとして，既に確立され実社会に普及している。ところが，農業法人の場合，農業特有の収益構造や多様なリスク，農地制度をはじめとした諸制度の影響などを評価に組み込む必要があるが，研究レベルではその理論的検討も実証研究も進展していない。

　一方で，農業界ではすでに企業価値評価が求められている現場が多数見られる。組織内部の後継者への経営継承では企業価値に基づく株式等の移譲が求められ，事業承継型の M&A 型だとしても企業価値評価の重要性は変わらない。また，直接の企業価値評価とは異なるが，農業法人への融資に際して，そのプロジェクトの事業性を積極的に評価しようという金融機関の潮流もある。農業法人の企業価値評価の理論的整理は，こうした現場のニーズを満たすものである。

　さらに，近年では，持続可能な企業活動が環境的・社会的に与える影響を企業価値に対する評価の枠組みに組み込むことの重要性が認識されてきている。ESG（Environment, Social, Governance）を考慮した ESG 投資の規模も拡大傾向にある。この理由として，気候変動などの環境的要素や人権侵害・社会経済的格差などの社会的要素が企業にとって大きなリスクになるとともに事業機会にもなっていることが挙げられる。そして，ESG 投資の主な対象

となっている上場企業と比較して地域社会や自然環境により深く根差している農業法人にとって，持続可能な企業活動が適切に評価されることは，正しい企業価値の理解に不可欠だと言える。

　行政機関も農業における持続可能な活動の推進に積極的である。農林水産省では「みどりの食料システム戦略」の中で農林水産業の生産性向上と持続性の両立を目標に掲げており，関連する「みどりの食料システム法」では各自治体の基本計画に基づいて全国で約 15,000 名の農業者が実施計画の認定を受けた。ついには，2024 年の食料・農業・農村基本法の一部改正では「環境と調和のとれた食料システムの確立」が基本理念として新設され，同時に，農業の生産性の向上や農業法人の経営基盤の強化が追記された。他にも，「農林水産業・食品産業に関する ESG 地域金融実践ガイダンス」の中で ESG という非財務的要素を考慮した事業性評価に基づく投融資が，持続可能な地域づくりにおいて必要であるとしている。

　海外の動向に目を向けても，人々の幸福と健康の向上を目的とした包括的な環境対策である「欧州版グリーンディール」の中核をなす「Farm to Fork（農場から食卓まで）戦略」では，気候変動対策は新たな市場機会であり，フードシステム全体の競争力を高める手段であることが強調されている。こうした政策の目標設定や評価をみても，持続可能な経営活動を考慮して農業法人の生み出す価値を評価する分析枠組みが必要となるだろう。

　以上より，本書の目的は「企業価値評価のフレームワークの農業法人への応用に向けた論点整理および実証研究」である。そのために，まず，標準的な企業価値評価のフレームワークを紹介したうえでこれを農業に適用するための注意点や課題を整理する。さらに，実際の農業法人に対する企業価値評価の事例に基づいてプロセスの解説および事例の比較分析を行う。企業価値の評価には財務諸表以外にも事業計画やビジネスモデル，コーポレート・ガバナンス，資産状況など多岐にわたる資料が必要となる。その点について，契約に基づき資料の提供を受けたうえで，営農類型別の傾向を評価できるよう研究設計を行っていることが本書の特徴である。

次に，ESG に関連する要素が企業価値の向上に果たす役割について，農業法人や農業者に対するアンケート調査を実施し，定量的に仮説検証を行う必要がある。本書では，農業において ESG に関連する活動の実施動向を総合的に把握するとともに，そうした活動が，農業経営の規模拡大や後継者確保，効率性やレジリエンスなど多様な経営成果に与える影響を検証しており，これも過去の研究にはない特徴である。

　以上のような研究を通じて，本書の社会的貢献として以下の 2 点が期待できる。第一に，ビジネスの現場における農業法人の企業価値評価の普及である。本書が提示する評価のフレームワークを各主体の目的に合わせて応用することで，経営継承や M&A，事業性評価融資などの場面での農業法人の評価がより効率的になることを期待する。

　第二に，農業者自身に加えて，省庁や地方自治体，地域社会や消費者など様々なステークホルダーが農業法人の価値をより正しく理解するきっかけを提供する。とくに，農業法人の持続可能な経営活動と企業価値の関係性をわかりやすく伝えることは，農業法人がどのような価値を社会にもたらす存在であり，誰がその恩恵を受けているのかを示すことを意味する。それによって，価値ある活動を行う農業法人を適正に評価・支援する機運が高まることを望んでいる。

　そこで，本書は以下の 2 つのタイプの読者を想定している。第一に，企業価値評価に関連するビジネスの実務家やその研究者である。そうした多くの方々にとって未知の領域である農業とご自身の専門分野とを結びつけるきっかけになればと考えている。第二に，農業に携わる実務家やその研究者である。これまで企業価値の向上という視点から農業経営を見ることは　般的ではなかったが，本書をきっかけとして農業経営を理解するひとつの枠組みとして企業価値評価が普及することを期待している。

　以下，各章の概要を紹介する。第 1 章では，農業経営において企業価値評価が求められる背景を整理するために，企業価値の評価手法の紹介からはじまり，農業法人に応用した場合の試算，持続可能な取り組みを考慮すること

の重要性の検討，農業法人の経営実態や企業価値評価が求められる局面の整理，最後に，農業における持続可能性に関わるテーマや具体的なインジケーターのとりまとめを行った。

第2章では企業価値評価の農業への適用可能性をさらに詳細に検討したうえで，企業価値評価の標準的なアプローチを解説する。その中には，事業価値を数値化する定量評価と数字では測れない事業価値を検討する定性評価が含まれる。こうした包括的なアプローチによって，事業の真の価値と潜在的なリスクが明確になり，実務家に向けて適切な意思決定の基礎資料を提供できる。

第3章では実際の農業法人を対象とした企業価値評価を行う。受領すべき資料の一覧から始まり，評価対象事業の定義づけ，固定資産の評価，将来計画に基づくフリーキャッシュ・フロー（FCF）の算出，超過収益力（事業価値と時価ベースの事業投資資本との差額）の算出，その他評価事例の紹介，で構成される。

第4章では，持続可能な取り組みが実際に企業価値の向上に果たす役割を検討するための実証研究を行った。まず，農業法人に対するアンケート調査結果を用いて ESG 関連活動と経済的成果との結び付きを示し，さらに，ESG 関連活動の規定要因として，社会経済環境への対応力であるダイナミック・ケイパビリティ（DC）の重要性を明らかにした。同じくアンケート調査結果を用いて，持続可能な取り組みと新型コロナウイルス感染症の感染拡大の前後における経営のレジリエンス（回復力や対応力）の関係も解明した。

第5章では，上記のような経営成果に結びつくプロセスの解明を目的として，まず，複数の農業法人に対する事例調査に基づいて，各法人の持続可能な取り組みが多様な経営資本の蓄積や改善を通じて経営課題の解決に貢献するプロセスを示した。次に，価値創造プロセスのフレームワークに基づいた経営資本の改善度合いと持続可能な取り組みの関係を分析対象とした。それに加えて，持続可能な取り組みの促進に農業法人のコーポレート・ガバナンスが果たす役割にまで迫った。

第6章では，複数の農業法人に対する企業価値評価の結果を用いて価値創造プロセスの比較分析を行った。この比較分析の特徴は，全国の耕種経営（水田作，畑作，野菜作，果樹作，きのこ）と畜産経営（養豚，採卵鶏，肉用牛，酪農）という非常に幅広い事例を対象としていることである。それによって，企業価値評価に関する耕種経営と畜産経営のそれぞれの特徴や課題を明確に示している。

第7章では，これまでの検討を踏まえたうえで，前半では，企業価値評価の実践的なビジネス現場での活用事例を紹介する。具体的にはM&Aや事業再生を対象にそのプロセスと企業価値評価の役割を示している。後半では，持続可能な取り組みに関する実証研究を総括して，農業法人の持続可能な取り組みがどのような形で企業価値の向上に結び付くのかを「価値創造型サステナビリティ経営モデル」というかたちで示し，実務への応用に向けた課題を整理した。

本書は農林水産省農林水産政策研究所の連携研究スキーム「地域農業の持続可能性の向上に向けた農業法人の総合的企業価値の評価手法の開発に関する研究」（2021〜2023年）の中で実施した研究に基づいている。この連携研究には研究者のほか，委託研究課題の担当である事業性評価研究所，アンケート調査および事例分析に協力いただいた日本農業法人協会や日本政策金融公庫といった様々な業界や立場の方々にご参加いただいた。そのことが，ほかに類を見ないこの書籍の刊行につながっていると実感している。あらためて，関わっていただいた皆さまに感謝を申し上げるとともに，本書が農業における企業価値の評価や向上に関する研究や実践に貢献することを祈念している。

目次

はしがき………………………………………………………………… 吉田真悟　iii

第1章　農業経営における企業価値………………………………… 吉田真悟　1

1　はじめに　1

2　企業価値とその評価手法　1

3　持続可能性と企業価値　10

4　複雑化する農業経営の実態　13

5　農業に求められる持続可能な取り組み　19

第2章　企業価値評価の方法と農業への応用………………… 田井政晴　31

1　はじめに　31

2　企業価値評価の農業への適用可能性と課題　32

3　定量評価と定性評価　42

4　経営指標による分析　46

5　定性評価　52

6　企業価値評価の方法　72

7　企業価値評価の方法と農業への応用のまとめ　87

第3章　農業法人に対する企業価値評価の事例……………… 田井政晴　89

1　対象となる法人の情報収集と整理　89

2　定性評価の結果　94

3　企業価値評価　96

4　事業性に関する分析　113

5　最終評価　114

　　　6　企業価値評価の簡潔な評価プロセス　116

第4章　持続可能な取り組みが農業経営の経済的成果に与える影響
　　………………………………………………… 吉田真悟　135

　　　1　持続可能な取り組みは農業経営にどのような影響を与えるのか？　135

　　　2　ESG 関連活動が経営展望に与える影響　138

　　　3　持続可能な取り組みと経営のレジリエンス　146

第5章　持続可能な取り組みによる価値創造プロセス … 吉田真悟　155

　　　1　ESG 経営と価値創造プロセス　155

　　　2　持続可能な取り組みによる価値創造プロセス　161

　　　3　持続可能な取り組みと財務パフォーマンス　170

　　　4　持続可能な取り組みとコーポレート・ガバナンス　177

第6章　企業価値創造プロセスの比較研究 …………………… 田井政晴　189

　　　1　比較研究の実施について　189

　　　2　定性評価の結果　192

　　　3　企業価値創造プロセスの比較研究のまとめ　219

第7章　企業価値評価の活用に向けて ………… 田井政晴・吉田真悟　225

　　　1　企業価値評価における実践的なビジネス現場での活用　225

　　　2　企業価値評価の実践的活用：M&A から投資ファンドまで　231

　　　3　農業の事業承継と譲渡の場合　238

　　　4　農業の持続的成長に企業価値評価手法の普及が果たす役割　241

　　　5　新たな価値創造モデルの提案　243

　　　6　企業価値評価の活用に向けて　250

あとがき ……………………………………………………………… 田井政晴　253

初出一覧　257

第1章
農業経営における企業価値

吉 田 真 悟

1　はじめに

　「農業法人」と「企業価値」という二つの言葉の組み合わせは一般的に馴染みがない。むしろ，「企業価値とは上場企業の時価総額のようなものであり，株価や企業買収などとは縁遠い中小規模の農業法人には関係ないのでは」という疑念を抱かれることが想定される。ところが，企業価値の本質は，企業の将来にわたる財務パフォーマンスに対する期待であり，これは企業の規模に関わらず重要な指標であり，中長期的な企業価値の向上はすべての企業が目指すべき目標となり得る。とくに，近年ではESG（Environment, Social, Governance）投資の隆盛もあり，持続可能性に関わる企業活動が企業価値の向上に与える影響への関心が高まっている。そこで，本章では企業価値とその評価方法を概観した上で，今，日本の農業法人に企業価値とその向上という視点が必要となっている背景を明らかにする。

2　企業価値とその評価手法

(1)　企業価値と日本市場の現状
　企業は長期的な事業活動を通じて様々な価値を生み出している。この価値には「組織自身に対して創造される価値」と「他者に対して創造される価値（すなわち，ステークホルダーおよび社会全体に対する価値）」という二つの

側面がある（Integrating Reporting, 2021）。一般的には，前者の価値の蓄積によってもたらされる財務リターン，つまり経済的便益の総体を企業価値と称する。ここで創造される価値には，直接的な財務資本以外にも，製造資本，人的資本，知的資本，社会・関係資本，自然資本など事業活動に関わるあらゆる要素に及ぶ。つまり，企業価値に目を向けることは，企業がこれまで蓄積してきた経営資本を正しく理解し，その資本が生み出す将来の財務リターンを評価するという営みだと言える。

　さらに，後者の「他者に対して創造される価値」もまた長期的には企業価値に影響を及ぼすことが想定される。例えば，顧客に大きな価値を提供すれば，商品やサービスに対する顧客満足や企業に対する顧客ロイヤルティが向上し，財務リターンにつながるだろう。こうした直接的なつながりだけではなく，サプライヤーや事業パートナーが当該企業との取引の可否の判断材料として，企業による特定の価値創出（例えば環境規制への対応）を活用することも考えられる。さらには，企業が特定の地域や国で活動するためには社会的な受容または営業許可（ソーシャルライセンス）を得る必要もあるだろう。企業活動による自然環境や社会に対する影響に配慮した行動（責任ある企業行動（OECD, 2023））が求められる現代において，企業価値を基準に企業を理解することの長所の一つは，他者に対して創造される価値が企業価値に及ぼす影響も分析の射程に含めることができる点であり，この点は本書のモチベーションにも関連している。

　しかし，上述の企業価値の重要性に反して，日本の主要企業において企業価値向上に向けた努力が不足していると評価されている。例えば，2020 年には米国の上場企業において企業価値に占める無形資産の割合が 90% を超えた一方で，日本企業の同値は 32% に過ぎない（内閣府, 2021）。これは，企業価値における技術力や従業員のスキル，ブランド力など多様な経営資本の重要性を示唆すると同時に，日本企業がそうした経営資本を活用しきれていない現状が見て取れる。また，東京証券取引所のプライム市場における上場企業の約半数の企業の株価純資産倍率（Price Book-Value Ratio, PBR）が 1

第 1 章　農業経営における企業価値

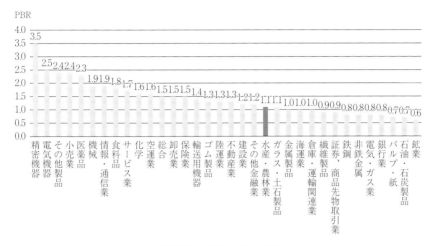

図 1-1　業種別の上場企業の PBR の分布

出典：東京証券取引所 HP の「規模別・業種別 PER・PBR（連結・単体）一覧」（2024 年 2 月）よりプライム市場の加重 PBR を用いて筆者作成

倍を下回っており，この現状に対して取引所は企業価値向上に向けた企業の意識改革を要請し（東京証券取引所，2023），企業による対応に関する情報をリストとして開示している。この経緯としては，中長期的な企業価値の向上を目的とするコーポレートガバナンス・コードにおいて，【原則 5-2. 経営戦略や経営計画の策定・公表】の度重なる改定の中で，「資本コストの把握」「事業ポートフォリオの見直し」「設備投資・研究開発投資」（東京証券取引所，2018），「人的資本への投資」（東京証券取引所，2021）という具体的な方針を追加してきたにもかかわらず，企業の意識が大きく変化していない現状がある。

そもそも，「PBR が 1 倍を下回っている」とは，株式市場における企業価値を意味する時価総額が企業の純資産（総資本 - 負債）よりも小さく，極端に言えば，今後の事業継続による財務リターンよりも会社が解散して純資産を分配した金額の方が高いと評価されている状態と言える。図 1-1 は業種別の上場企業の時価総額と純資産を足し合わせて計算した PBR の分布を示している。これによれば，業種によって株式市場からの評価が大きく異なるこ

とがわかり，精密機械はPBRが3倍を超えており，電気機械や小売業，医薬品もPBRが2倍を超えている。一方で，本書の対象である水産・農林業のPBRは1.1倍で業種別では下位に位置し，その他の多数の業種でもPBRは1.0倍を下回っている。以上より，日本全体においても企業価値の向上は政策的課題であり，かつ，農業では業界を挙げて企業価値の底上げが求められている。それでは，企業価値とは具体的にどのように評価され，農業経営に適用可能なのだろうか。

(2) 企業価値評価のアプローチ

上記の株式市場における時価総額は企業価値の一種類ではあるが，そもそも企業価値の特徴として，その評価の主体や目的に応じて多様な価値（一物多価）があり得ることが挙げられる（日本公認会計士協会，2013）。具体的な評価の目的として，株式譲渡や企業合併，M&Aなどの取引目的だけでなく，裁判上の株式の評価や会社更生における更生会社の評価など裁判目的もある。そして，それに対応するように企業価値の評価アプローチも多様であり，採用する手法によって，算定される企業価値は変化する。

企業価値評価の主要なアプローチとその特徴を表1-1にまとめた[1]。最も簡易な企業価値の算定方法は，企業の純資産を企業価値とみなすネットアセット・アプローチである。この方法の利点は，貸借対照表上で算出される値という客観性の高さである。一方で，実際の市場での取引環境が全く反映されないという短所がある。それに対して，マーケット・アプローチは同業他社や類似取引事例をもとに企業の総体的な価値を算出することで，その課題を克服している。具体例としては，類似企業の時価総額を当期純利益で割った値（株価収益率，PER）をマルチプルと呼び，評価企業の当期純利益をマルチプルに乗じることで，企業価値を算定する。

しかし，これらの方法では評価企業の実際の収益獲得能力や固有の性質を反映できない。そこで用いられる手法が，評価対象企業から期待されるキャッシュ・フローに基づいて算出するインカム・アプローチである。図1-2

表1-1 企業価値評価の主要なアプローチとその特徴

アプローチ名	概要	客観性	市場での取引環境の反映	将来の収益獲得能力の反映	固有の性質の反映
インカム・アプローチ	評価対象会社から期待される利益、ないしキャッシュ・フローに基づいて価値を評価する方法。	△	○	◎	◎
マーケット・アプローチ	上場している同業他社や、評価対象会社で行われた類似取引事例など、類似する会社、事業、ないし取引事例と比較することによって相対的な価値を評価する方法。	◎	◎	○	△
ネットアセット・アプローチ	主として評価対象会社の貸借対照表記載の純資産に着目して価値を評価する方法。	◎	△	△	○

出典：企業価値評価ガイドライン（日本公認会計士協会，2013）を参考に筆者作成

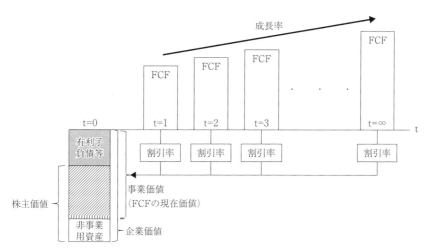

図1-2 インカム・アプローチの概念的整理

出典：筆者作成

がこの手法の概念的整理である。この手法では主に二つの要素に着目する。第一に，評価企業が将来生み出すフリーキャッシュ・フロー（FCF）である。FCF とは，簡潔に言えば，営業利益に減価償却費を足した税引後のキャッシュに，実際には現金ではない売上（運転資本）や固定資産の維持コスト（投資額）を差し引いた，企業が自由に使えるキャッシュを意味する。この予測には事業計画やビジネスモデルの精査が必要となる。次に，投資家が企業に期待するリターン率であり，資本コストとも呼ばれる割引率である。この割引率は投資家がこの企業に投資することのリスクが反映されており，リスクの高い企業ほど割引率は高くなる。この将来の FCF と割引率を用いて，現在の事業の価値を算出するための最も簡便な式（ターミナルバリューのみの計算式）は以下のとおりである。

$$事業価値 = \frac{FCF}{(割引率 - 成長率)}$$

　例えば，毎年 100 万円の FCF を生み出す企業（キャッシュ・フローの成長率＝0）の割引率が 5% だとすれば，事業の価値は 100/0.05＝2,000 万円である。仮に，成長率を 1% とすると，事業の価値は 100/0.04＝2,500 万円に増加する。また，この事業価値に非事業用資産を足したものが企業価値であり，さらに，有利子負債等を引くことで，株主に帰属する価値である株主価値が計算できる。

　上記のようにインカム・アプローチでは，各企業の収益獲得能力を FCF や成長率で反映させ，投資家からの期待を割引率に反映させることができ，中小規模の非上場企業であっても企業価値の算出が可能である。ただし，この方法のためにはそれらの要素の根拠を示す必要があり，客観性の面で課題もある。そこで，本書の事例分析では，農業法人のビジネスモデルや資産状況等に関する定性的な評価を加えることで企業価値評価の妥当性を担保するアプローチを採用している。

（3） 企業価値向上のためのキーファクター

インカム・アプローチで評価した企業価値の向上を考えた場合，重要な要素は FCF を高めるための収益性と投資家からのリスク評価が反映される資本コスト（割引率）である。企業価値向上のための意識改革を求めた東京証券取引所の資料でも投下資本利益率（Return On Invested Capital, ROIC）や自己資本利益率（Return On Equity, ROE）を資本収益性の指標として，株主資本コストや加重平均資本コスト（Weighted Average Cost of Capital, WACC）を企業分析に用いることを推奨している。具体的には，自社の資本コストを計算し，そのコストを資本収益性指標が上回っているかをチェックすることが求められる。資本収益性が資本コストよりも低いということは，企業の資本から投資家に期待されるリターン率を本業の収益性が下回っていることを意味する。そこで，資本コスト自体を下げるためには，投資家や債権者にとってのリスク要因についての情報開示を積極的に進めたり，債権者との対話により負債の金利を下げるといった対応が考えられる。加えて，ビジネスモデルの改良やサステナビリティへの対応によっても資本コストを下げられる可能性もある。

もう一つ，企業価値を向上させる方法は売上高やキャッシュ・フローの成長率を高めることである。ただし，一般的に売上高成長率は ROIC など資本収益性と比較して長期にわたって高水準を維持することが困難である（マッキンゼー・アンド・カンパニー，2022）。むしろ，ROIC が低い状態での売上の成長は非効率な追加投資を必要とするため，企業価値を下げることも考えられる。よって，企業価値の向上のためには，資本収益性を高めつつ長期的には売上規模の拡大を目指す必要がある。

（4） 農業経営の企業価値評価と課題

農業分野での企業価値評価に関する数少ない研究によれば，資本集約的な肉用牛や養豚ではネットアセット・アプローチで評価した企業価値が高くなるが，より収益性の高い部門ではインカム・アプローチで評価した方が企業

価値が高くなることが示されている（Jeanneaux et al., 2022）。このインカム・アプローチによる企業価値の算出が日本の農業法人でも可能であることを確かめるために，農林水産省の米生産費統計のデータに前述の計算式を当てはめて，売上規模別の集計値を算出した（表1-2）。この統計には各経営のFCFを算出するための財務諸表が含まれている。年度間変動を考慮するため，各経営の集計期間でのFCFや負債の平均値を採用して株主価値を計算し，その結果をもとに売上グループ別の中央値を計算した。なおこの分析では資産と負債の差額である純資産と比較するため，前掲図1-2にある「株主価値」を計算している。また，割引率と成長率について，ベースモデル（割引率6%，成長率0%）の他にアップサイド（割引率5%，成長率1%）とダウンサイド（割引率7%，成長率–1%）のモデルで計算した。

　表1-2の結果を見れば，売上1,000〜3,000万円の売上グループの場合，FCFの中央値は2.4百万円で，ベースモデルでの株主価値の中央値は49.1百万円であった。ただし，アップサイドとダウンサイドのモデルでは株主価値が10〜20百万円ほど変動することがわかる。ポイントはどのモデルであっても純資産の中央値11.4百万円と比較すれば十分に大きいことであり，これは，ネットアセット・アプローチでは稲作経営の収益獲得能力が反映されないことで，株主価値が低く見積もられてしまう可能性があることを意味する。この株主価値と純資産の差額は売上高が大きなグループほど大きくなるが，株主価値／純資産比率をみれば，どの売上グループでも2〜5倍に収まっていることがわかる。また，経営耕地面積1ha当たりの株主価値は1.1〜3.1百万円に収まっており，規模の差は小さいと言える。

　ただし，この試算を通じて農業法人における企業価値評価の課題も見えてくる。第一に，補助金の存在である。本来であれば本業の収益獲得能力に補助金は含まれないと考えられるが，この試算の368経営のうち，補助金を含むFCFが黒字になったのが187経営（約51%）であり，補助金を含まなければ13経営（約4%）しか黒字を達成していない。しかし，補助金は政策リスクを抱えており，これをどのように評価するかによって企業価値が変化

表1-2　農業法人の株主価値の試算

売上グループ	サンプル数	シナリオ	割引率 (%)	成長率 (%)	株主価値 (百万)	売上高 (百万)	FCF (百万)	純資産 (百万)	株主価値/純資産比率	株主価値と純資産の差額	1ha当たり株主価値 (百万)
1,000-3,000万円	66	ベース	6%	0%	49.1	19.6	2.4	11.4	3.6	33.4	2.1
1,000-3,000万円	66	アップサイド	5%	1%	67.9	19.6	2.4	11.4	5.5	51.8	2.9
1,000-3,000万円	66	ダウンサイド	7%	-1%	39.9	19.6	2.4	11.4	3.0	24.4	1.7
3,000-5,000万円	49	ベース	6%	0%	80.3	38.8	3.8	15.2	3.4	49.8	1.9
3,000-5,000万円	49	アップサイド	5%	1%	104.0	38.8	3.8	15.2	4.7	81.4	2.8
3,000-5,000万円	49	ダウンサイド	7%	-1%	68.4	38.8	3.8	15.2	2.7	35.4	1.4
5,000-1億円	30	ベース	6%	0%	87.8	63.9	4.3	26.0	2.7	61.3	1.5
5,000-1億円	30	アップサイド	5%	1%	117.8	63.9	4.3	26.0	3.6	94.1	2.1
5,000-1億円	30	ダウンサイド	7%	-1%	67.3	63.9	4.3	26.0	2.3	40.3	1.1
1-5億円	19	ベース	6%	0%	198.1	133.1	13.6	61.2	3.3	164.8	2.1
1-5億円	19	アップサイド	5%	1%	301.7	133.1	13.6	61.2	4.7	268.4	3.1
1-5億円	19	ダウンサイド	7%	-1%	154.9	133.1	13.6	61.2	2.4	113.0	1.6

注：ベースシナリオの割引率の計算は CAPM（Capital Asset Pricing Model）を用いて計算した。リスクフリーレートは 10 年国債（2019/3/1-2024/2/29）の平均値（0.0018），株式市場の年間リターンは TOPIX（東証株価指数）（2004 年 -2024 年）の年率リターンの平均値（8.2），β 値は日本市場の水産・農林業の全個別銘柄 60 か月の β 値の平均値（0.72）を採用。集計結果は中央値で示す。
出典：営農類型別経営統計（水田作）（2008-2017）の個票データおよびフォーカスバリュエーション株式会社「日本のヒストリカル・エクイティ・リスク・プレミアム（2024）」をもとに筆者作成

してしまう。第二に，農地の借地の問題である。現在の大規模稲作法人のほとんどは借地型経営であり，この試算の経営の借地率の中央値も 100% である。その場合，まず，その借地の安定性が FCF に影響するという課題が考えられる。また，借地は資産に含まれないため，実際には資産的性格のある借地が多い場合，企業価値／純資産比率のような指標の解釈が困難となる。これは稲作経営の場合の課題であるが，農業法人の企業価値を考える場合には，こうした農業の特殊性に配慮することが求められる。

3　持続可能性と企業価値

(1)　環境的・社会的課題の解決と企業価値の向上

　企業が創出する価値のうち「他者に対して創造される価値」もまた長期的には企業価値に影響を及ぼす。この他者に対して創造される価値には，様々な環境的・社会的課題の解決に資するような持続可能な取り組みも含まれる。こうした取り組みが企業価値の向上に与える影響をインカム・アプローチの要素に分解すれば，第一に，課題の解決を通じて成長性の高い新たな市場の開拓や利益率の高いビジネスモデルの確立を実現し，フリーキャッシュ・フローを増やすことである。第二に，環境規制や社会的課題に対応して事業の継続性に関わるリスクを低減することで，割引率（資本コスト）を下げることである。

　こうしたメカニズムへの理解を普及するため，近年では社会課題に取り組む経営に対して様々な名称が用いられている。例えば，経済産業省は「SDGs経営」という，社会課題の解決とビジネスを両立させることで，単なる既存事業への持続可能性のラベル張りを超えて，事業の継続可能性を揺るがす「リスク」に対処するとともに，未開拓の市場を獲得する「機会」とする経営を推奨している（経済産業省，2019）。同様に，東京証券取引所は，重要なESG（E＝Environment, S＝Social, G＝Governance）要素を投資に関わる分析や意思決定にシステマチック，かつ，明確に取り込むというESG投資を企業が呼び込むためには，企業はESG情報と企業価値向上のための企業戦略との関係を説明する必要があると指摘しており（東京証券取引所，2020），そうした活動はESG経営またはESG戦略と呼ばれ企業に広く普及している。実際に2022年時点の主要市場におけるESG投資の総額は30.3兆ドルにのぼり，2016年から32.8％増加している（Global Sustainable Investment Alliance, 2023）。そして，ESG投資の国際的ガイドラインでは，食品産業の環境的・社会的リスクと事業機会に影響するような企業活動を評価し，その結果を企

業価値評価の割引率に反映させた例を紹介している（Sloggett and Gerritsen 2016）。

　そうした情勢に伴い，日本企業の CSR（Corporate Social Responsibility）活動に対する認識も変化している。江川（2018）によれば，日本企業は 2003 年には CSR を「支払うべきコスト」と認識していたが，それが 2014 年には CSR は「経営の中核」の活動であるとの認識に変わってきた。国際的調査でも CSR を経営の中核と認識する経営者の割合は 64% にのぼる（PwC, 2016）。CSR 活動と経済的成果の関係に関する研究も蓄積している。環境レーティングの高さは企業の総資産利益率（ROA）と正の関係があり（Russo and Fouts, 1997），同様に，CSR 活動と ROA にも正の関係がある（El Ghoul et al., 2016）。また，環境戦略が組織能力を向上させ，その能力が企業の経済性を向上させる（Li et al., 2019; Sharma and Vredenburg, 1998）というメカニズムも検証されている。ただし，その CSR 活動の効果には産業間の差が大きく，商品の差別化が難しい業界でイノベーションの少ない企業が CSR 活動を活用していることが示されている（Hull and Rothenberg, 2008）。

　こうした経営戦略の潮流の変化を表す重要な概念として共有価値の創造（Crating Shared Value, CSV）が挙げられる（Porter and Kramer, 2011）。CSV とは，経済的価値と社会的価値を両立しながら企業の競争力を高める経営戦略である。この概念は，企業全体の経営戦略の段階からの変革が必要であり，そのためには新たな組織能力（倫理的リーダーシップや知識の吸収能力）が求められるという点で，本業と切り離されたこれまでの CSR 活動とは大きく異なる（Menghwar and Daood, 2021）。その具体的方法には，第一に，まだニーズが満たされていない対象を見つけること，第二に，生産から販売までのプロセスの中で社会課題の解決に貢献すること，第三に，企業に加えて研究機関や公的機関などのクラスター全体で社会課題を解決すること，が挙げられる。

　以上のように，理論・実践の両面において，環境的・社会的課題の解決を通じた企業価値の向上は重要課題である。ただし，これまでの議論の多くは

大企業を対象としたものであり，中小規模の農業経営の企業価値にとって
CSV という経営戦略の重要性を確認する必要がある。

（2）　企業のステークホルダーと持続可能性

　企業の利害関係者（ステークホルダー：従業員，株主，銀行，保険会社，
川上川下の企業，競合企業，メディア，NGO，教育研究機関，公的機関，
行政，国際機関など（Brulhart et al., 2019））は企業による社会課題の解決
に関する意思決定に影響することが知られている。例えば，企業が外
部のステークホルダーから感じているプレッシャーが強いほど環境情報の
開示に積極的になり（Zhang and Zhu, 2019; Wolf, 2014; González-Benito and
González-Benito, 2006; Sarkis et al., 2010; Rivera-Camino, 2007; Dhanda et al., 2022;
Yu and Ramanathan, 2015），しかも企業規模が大きいほどその傾向が強い
（Chithambo et al., 2022）。彼らからのプレッシャーではなく，企業自身がス
テークホルダーに配慮する姿勢が強いほど，環境対応に積極的になることも
知られている（Brulhart et al., 2019）。なかでも，地域コミュニティというス
テークホルダーの重要性を示した研究もある（Kassinis and Vafeas, 2006）。

　大企業のステークホルダーとの関係と比較すると，中小企業の CSR 活動
ではステークホルダーとの親密さを大切にしており，活動の多くが経営者の
倫理観に基づいているため，経済性や経営戦略への配慮が課題であると指摘
される（Jamali et al., 2009; Bikefe et al., 2020）。一方で，中小企業は CSR 活動
を特定のステークホルダーとのソーシャルキャピタルへの投資とみなしてい
る（Russo and Perrini, 2010）。実際に，中小企業が対応しているステークホ
ルダーの種類は少ないものの（Perrini et al., 2007），地域社会に対する CSR
活動を通じて知識やネットワーク，協業の機会や企業認知の向上など様々な
経営資本を引き出している（横田・田中，2019）。農業経営の場合でも，ス
テークホルダー管理が多様な経営資本の調達を通じて経済的成果につながる
と指摘されており（八木，2018），その対応するステークホルダーの方向性に
よって，組織の持続可能性が大きく影響を受ける（小川・八木，2020）。ただ

し，中小企業は幅広いステークホルダーと円滑なコミュニケーション（口コミの活用や公的な情報開示など）を取ることが不得意であると指摘されており（Bikefe et al., 2020），これが CSR 活動の効果を抑制している可能性がある。

つまり，中小企業にとってのステークホルダーとは，単なる圧力団体ではなく，経営にとって重要な経営資本の調達先となっている。こうしたステークホルダーに対応するための CSR 活動は長期的に企業価値の向上に結び付く可能性が高い。一方で，中小企業の CSR 活動は経営戦略に基づいておらず，コミュニケーションも不足しがちという指摘もあることから，やはり，CSR 活動の経営上の位置づけやその効果を評価し，企業価値に反映するプロセスが求められる。

4　複雑化する農業経営の実態

(1)　家族の枠を超えた経営形態の躍進と課題

前節までは農業においても企業価値という視点から経営を評価することの有用性を確認した。そして，企業価値評価が最も求められているのは，日本の農業でその存在感を高めている法人経営体である。農林業センサスによれば，法人経営体数は 2005 年の 19,136 経営体から 2020 年の 30,707 経営体へと 1.6 倍になった（飯田，2023）。これに非法人の組織経営体を加えた団体経営体は 2023 年に 40,700 経営体であり，これは全農業経営体の 4.3% に過ぎない（農林水産省，2023a）。一方で，団体経営体の総経営耕地面積に日本全体の経営耕地面積に占める割合は 23.4%，農産物販売金額に占める割合は 37.9% に及ぶ（農林水産省，2023b）。つまり，いまや日本の農業は少数の大規模な経営体が重要な担い手となっており，こうした経営体の安定的な発展を支えることが重要な政策的課題となっている。本書はこうした比較的大規模な経営体の評価手法としての企業価値に着目している。

ところが，こうした農業の担い手となる経営が必ずしも企業価値のような財務指標に注意を払っているとは限らない。日本政策金融公庫が融資先の認

定農業者を対象に調査した結果によれば，「自身の経営」に関する取り組みのうち「財務分析の実施」の選択割合は 39.5% であった（日本政策金融公庫, 2022）。つまり，過半数の農業経営では企業価値という指標に限らず，収益性や効率性，安定性などの財務指標をモニタリングした上での意思決定がなされていない可能性が高い。農林水産省も農業法人の財務状況の脆弱性を課題としており，農業のほとんどの部門で損益分岐点比率が 90% を超えており，他産業と比較して自己資本比率が低く，借入金依存度が高いという分析結果を示している（農林水産省, 2023b）。こうした問題意識のもと，食料・農業・農村基本法の一部を改正するにあたって，「経営管理能力の向上」「労働環境の充実」「自己資本の充実」という経営基盤の強化に関する条文を追加した（農林水産省, 2024）。

　以上のように，日本の農業構造は大規模な経営体にシフトしているにもかかわらず，そうした経営体の財務基盤が必ずしも良好ではなく，しかも，そうした現状を農業者が認識するための財務分析も広く普及しているとは言い難い。本書が提示する農業経営の企業価値評価のフレームワークは，その経営基盤を定量的・定性的に評価するための視点を提供できるという点で，政策的課題にも貢献している。

(2)　先進的な農業法人の経営実態

　本項では政策課題および本書の分析の対象となる農業法人の実態を理解するため，日本農業法人協会が毎年実施している農業法人実態調査の結果をとりまとめた『農業法人白書』を概観する（日本農業法人協会, 2024）。まず，同協会に所属する農業法人（協会員）は 2023 年度時点で 2,079 法人であり，これは全国の法人経営体の 6.3% にあたる。協会員の売上高 1 億円以上の法人は 57.3% にのぼり，これは非会員の農業法人を含んだ場合の 20.1% という値を大きく上回る。2019 年から 2023 年まで 5 年連続で回答している会員の平均売上高は 2.9 億円から 3.3 億円まで着実に伸びている。主な業種別の 2013 年と 23 年の平均売上高の変化をみれば，稲作（0.8 億円→1.1 億円），

野菜（2.0億円→2.5億円），酪農（5.6億円→12.7億円）であり，各業種の会員が成長を続けている。つまり，同協会は比較的大規模で成長を続ける農業法人が所属しており，この資料はそうした先進的な経営の実態を表している。

協会員の平均従事者数は20.9名であることから，売上規模が大きいだけでなく，組織の規模もこれまでの家族農業経営と比較して大きくなっていることがわかる。つまり，組織のマネジメントが農業経営の新たな課題となっており，言い換えれば，人という経営資本を活用することが今後の農業法人の発展を大きく左右すると考えられる。また，平均役員数は3.2名であり，経営者以外の社員が意思決定に参加することが通常となっていることから，今後，組織の円滑な意思決定に関わるコーポレート・ガバナンスもまた農業法人の重要課題となると推察される。このコーポレート・ガバナンスには経営理念や経営戦略の策定から役員の責任・権限の明確化，法令遵守など多岐にわたる経営管理が含まれており，長期的な企業価値を左右する領域であるため，本書の分析でも取り扱う。

また，経営規模や生産性を中小企業と比較した場合[2]，売上高1億円以上の中小企業の割合は36.5%であり，協会員の57.3%を下回る。平均売上高（2022年度）を比較すると協会員が3.8億円に対して中小企業は3.7億円であった。平均従事者数（2022年度）でみても協会員が20.2名，中小企業が16.2名である。つまり，農業法人の中でも一部の先進的な経営では，他産業の中小企業と同程度の経営規模を実現していることがわかる。ただし，課題として挙げられているのが協会員の従事者1名あたり売上高の低さである。中小企業の同値は2,292万円／人であるのに対して，協会員の同値は1,474万円／人であり，800万円ほど差がある。よって，先述のとおり，農業法人にとっての今後の課題は組織のマネジメントであり，人的資本を最大限有効活用することであると言える。

企業価値にとって人の問題と同様に重要なのが技術力である。例えば，協会員のスマート農業技術の導入率は54.7%にのぼる。具体的には，「農薬・肥料散布のための先進機器（22%）」「生産プロセスの管理支援システム

（21%）」など，スマート技術の導入場面は生産や管理など多岐にわたる。しかも，導入割合は経営者の年齢が若いほど高くなる傾向がある（70代：43.8%，40代：61.5%）。こうした先進技術の普及によって，これまでの農地面積や生産設備，労働者数などの基本的情報だけでは経営の生産力を評価することは困難となっており，それは企業価値の評価にも影響するだろう。

　その他に農業法人の特色を表す分析結果として，生産以外の事業への多角化が挙げられる。協会員の73.7%は何らかの事業への多角化をしており，これは全国の法人経営体の同値の24.3%を大きく上回る。具体的には稲作では販売や加工事業，果樹はそれらに加えて観光事業を行っている。この経営の多角化は，法人経営者のアイデンティティを「農産物の生産者」から「販売や加工，観光事業を営む経営者」へと変化させる可能性がある（Brandth and Haugen 2011; Ohe 2018）。Ohe（2018）によれば，農業における多角化は，農業生産に付随する多様な価値（副産物，景観，体験など）をビジネス化する行為であり，その経営者は「拡大したアイデンティティ」を持ちスキルやネットワークが豊富だという。協会員におけるその傾向は，「持続可能な農業生産に取り組む目的」という質問（2022年度）に対して多くの経営者が「将来において農業を続けるため（67%）」と回答し，一部は「自社の差別化のため（37%）」と回答していることからもうかがえる。つまり，農業生産に関わる持続可能性を単なる環境や社会への貢献と考えているのではなく，長期的には自経営の企業価値に影響する戦略的要因ととらえて，CSVを実践しようとしているのである。これは従来の伝統的な農家のアイデンティティを持つ農業者とは異なる特徴であると推察される。

　日本農業法人協会の会員という日本の中でも先進的な農業経営の特徴を概観した。その結果，組織マネジメントや農業技術，事業構造など様々な面で，これまでの伝統的な家族農業経営にはない特徴が見られた。企業価値という視点はこうした高度化した経営が生み出す価値を正しく理解するうえでより重要になると考えられる。さらに，次項で見るように，日本の農業においては，実務的にも企業価値評価が重要となる場面は増加傾向にある。

(3)　農業経営における企業価値評価のニーズ

　日本において，農業経営の実態が，比較的規模の大きな組織法人経営へと変化していくなかで，企業価値評価が実際に求められる場面はあるのか。そこで近年注目されているのがこれまでの親族内継承以外の経営継承，なかでもM&Aである。まず，2020年農林業センサスの60歳以上の経営者がいる農業法人の経営継承予定を分析した研究によれば，「親族」を予定している経営が32%，「親族以外の経営内部の人材」を予定している経営が20%であった。1戸1法人という家族経営に近い農業法人では同値はそれぞれ53%（親族）・4%（親族以外）であり，1戸1法人以外の農業法人では27%（親族）・24%（親族以外）であった（澤田，2024）。筆者が日本農業法人協会のデータを集計した結果でも，協会員のうち10%は経営者の親族以外に経営継承をする予定であり，直近の継承予定に限れば30%が親族外継承である。

　この親族以外への継承の割合の高さは，家族内での経営継承という取引費用の最も低い継承パターンを採用できない経営が，組織の企業化によって後継者人材の範囲を役員や従業員，外部の専門人材にまで広げる「組織的解決」を図ったためだと考えられる（柳村，2024）。実際の農業法人の継承プロセスに関する研究によれば，親族内継承と比較して親族外継承では後継候補者による株式取得が必要となり（山本ら，2019），この株式の処理と後継候補者の株式取得資金が重要課題に挙がっている（綬鹿ら，2019）。つまり，株式の処理にあたって企業価値評価が重要な課題となり，具体的にはネットアセット・アプローチやマーケット・アプローチとその併用型が採用されるケースが多い。

　しかし，実際には後継者を確保していない農業法人の割合が40%であり（澤田，2024），組織的解決でも経営継承が成功しない場合，M&Aという「市場的解決」が現実的となる（柳村，2024）。経営継承の一手段としてのM&Aは支配権を株式や現金対価で譲渡（獲得）すること（狭義のM&A）（犬田，2023）だと言える。M&Aによる事業譲渡ができれば，売り手側の農業法人にとっては，蓄積してきた有形資産だけでなく従業員や取引先，さらに地権

者や地域住民からの信頼や許認可といった無形資産を引き継ぐことができ，売却後の生活設計も立てやすくなる（渋谷，2024）。農業における M&A の実態についての全国的統計はないが，犬田（2023）のアンケート調査結果によれば，9.8% の農業法人は買い主側として M&A の実施経験があり，この割合は一般中小企業の実施経験の割合（11.6%）と差がない。そして，全ての営農類型にとって M&A の際に重視する要因は「譲渡（取得）価格」であり，「借入金等の負債状況」も同様に強い関心事項である（犬田，2023）。この点から，M&A における企業価値評価の必要性がうかがえるが，実態として，将来キャッシュ・フローの予測が困難な中小企業の場合，M&A の企業価値評価は「時価純資産額＋経営権（営業利益や経常利益の数年分）」という簡便な方法で行われる（林，2017）。

　以上で見たように，農業法人の親族外継承や M&A では，インカム・アプローチのように将来キャッシュ・フローの予測に基づく企業価値評価が一般的ではないと言える。ただし，中小企業庁の『事業承継ガイドライン』によれば，事業承継には資産の継承以外にも人と知的資産の継承が含まれるはずであり，継承ステップとしてそうした会社の経営状況の見える化と経営改善（磨き上げ）が重要だとしている（中小企業庁，2022）。その理由は，後継者にとって事業承継の促進要因も阻害要因もともに「事業の将来性」であるためであり，その具体的内容はまさしく企業価値を向上させるための経営力や財務パフォーマンスの改善であり，そのプロセスの一つが株価の適切な評価でもある（中小企業庁，2022）。つまり，企業価値という視点はやはり事業継承・M&A 全般にとって重要であると言える。

　そして，農業の M&A の特徴として地域社会やステークホルダーとの関係性が挙げられる。犬田（2023）は農地集積が必要となる地域での信頼関係や売り手側の従業員の理解といったステークホルダーマネジメントに着目しており，村上（2024）は閉じた地域内で自治体の農業関係者や金融機関などのサポートのもとで行われる「地域型 M&A」を農業の特徴として挙げている。つまり，地域社会や自然環境の持続可能性に配慮することは，買い手側

にとっては M&A によって企業価値が大きく毀損するリスクを抑える効果
があり，また，売り手側にとっては企業価値を高める有効な手段となること
を意味する。これは実務的にも持続可能性が企業価値に結び付いていること
を示唆している。

5　農業に求められる持続可能な取り組み

　農業経営の企業価値に持続可能性の視点を取り入れるには，まず，農業経
営が実践している持続可能な取り組みを把握する必要がある。そのためには，
テーマごとの企業の対応例，そして農業経営に適用した場合のチェックポイ
ントをまとめることが有用である。表 1-3 から表 1-6 は環境・社会・経済の
持続可能性について，農業における持続可能性の評価や指標化をテーマとし
た研究や国際的ガイドラインを参考にチェックリスト化したものである。こ
られの表の農業経営のチェックポイントは基本的に実践の有無を基準として
いる。農業の持続可能性の評価に関する FAO のガイドラインによれば，持
続可能な活動の評価の種類について，①取り組みのアウトプットを定量的に
評価する方法（Performance-based indicators），②アウトプットが評価困難な
場合にそれにつながる取り組みを評価（Practice-based indicators），③取り組
みに向けた計画の有無や内容を評価（Target-based indicators）がある（FAO,
2013）。理想的な評価方法は①であるが，現実的には②を標準的なチェック
ポイントとすることが，アウトプットを正確に記録することが困難な中小規
模の調査対象にとっては有効である。また，①を用いると，本来は複雑で単
一の指標では測れない持続可能性の目標が矮小化されるというリスクもある
ため，②の妥当性が高いケースも多い。そこで本書では中小規模の農業経営
を対象に②の Practice-based indicators を採用した。
　表 1-3 は環境的な持続可能性のチェックリストである。気候変動や省エネ
ルギーへの対策にはスマート農業や環境保全型の農業が該当する。それ以外
にも，農業の場合は水や土壌，生物といった特定の資源への対応が重視され，

表1-3　環境的な持続可能性のチェックリスト

サブテーマ	対応・インジケーター（例）	農業法人のチェックポイント
気候変動	窒素・リン投入量の検討，グリーン技術投資	・化学肥料の使用量
エネルギー	エネルギー効率のよい農作業 再生可能エネルギーの利用	・再生可能エネルギーの利用割合 ・農機具や農業資材の調達方針 ・スマート農業の利用
水資源	効率の良い水利用，節水技術投資	・節水技術（スマート農業）の利用 ・農薬・化学肥料の使用量
土壌	有機物利用，土壌診断による改善， 農薬利用減，機械利用方法の改善	・土壌診断の有無とその結果 ・環境保全型農業の実施割合
生物多様性	農薬利用減，生息地確保，圃場規模の検討， 地域の固有種の保護	・環境保全型農業の実施割合 ・生物資源の調査・把握状況
資源循環・ 廃棄物	農場内での処理・再利用， リサイクル可能製品の利用	・耕畜連携 ・植物残渣の再利用 ・リサイクル可能製品の利用
持続可能な 調達	上記の取組に関して取引先の達成度合いの評価	・調達方針の有無 ・取引先の評価の有無

出典：（Lebacq, Baret, and Stilmant 2013; Meul et al. 2008; Bacon et al. 2012; Van Calker et al. 2005; FAO 2014; Gómez-Limón and Sanchez-Fernandez 2010; GRI standards 2022; Hani et al. 2003; Ripoll-Bosch et al. 2012; Sustainability Accounting Standards Board（SASB）2018）を参考に筆者作成

そうした資源のモニタリングや効率的利用が求められる。また，耕畜連携に代表される資源循環型の農業システムの実現も重要なテーマである。

　社会的な持続可能性については，その対応するステークホルダーによって，外部社会性と内部社会性に分けることが有用である。外部社会性とは社会の様々なステークホルダーが農業に期待している役割に関連する取り組みであり，内部社会性とは農業者やその家族という組織内部のステークホルダーにとっての持続可能性である（Lebacq et al., 2013; Meul et al., 2008; Van Calker et al., 2005）。農業以外のセクターにおいても，内部社会的な取り組み（internal socially oriented practices）は外部のステークホルダーへの対応とは異なるモチベーションがあることが議論されている（Cruz et al., 2014）。

　表1-4は外部社会的な持続可能性のチェックリストである。農業に期待される役割としては，まず，食の安全への貢献が挙げられることが特徴的であ

第1章　農業経営における企業価値　　21

表1-4　外部社会的な持続可能性のチェックリスト

サブテーマ	対応・インジケーター（例）	農業法人のチェックポイント
食の安全	農薬汚染防止，トレーサビリティ	・農薬や化学肥料の使用量 ・トレーサビリティの確保方法 ・GAP，HACCAP の取得
動物福祉・健康	健康状態，飼育環境	・獣医師との適切な連携や助言 ・畜舎の清掃状況 ・ケージフリーに向けた取組
景観保全	環境保全，景観・建築物の見た目，周辺環境	・多面的機能支払への参加 ・清掃など営農環境の美化活動 ・その他地域の清掃・美化活動
差別禁止	強制・児童労働禁止，ジェンダー平等，多文化共生，移民問題	・女性従業員比率，女性役員比率 ・外国人の労働環境や給与
社会的事業	グリーンケア	・農福連携
地域貢献	雇用者数，地域コミュニティ参加	・地元出身の雇用者数 ・地域の役員の引き受け ・地域イベントへの参加
プライバシー	顧客情報，データセキュリティ	・顧客情報の保管方法
文化の多様性保全	地域文化や資源の保全，文化的サービス，食の主権	・地域の催事への参加・出資 ・地場産農産物の栽培 ・伝統料理の保全
貧困・公衆衛生対応	公衆衛生，QOL，社会的包摂	・農薬飛散防止，水質汚染の防止 ・食品アクセス問題への対応 ・農福連携
持続可能な調達	上記の取組に関して取引先の達成度合いの評価	・調達方針の有無 ・取引先の評価の有無

出典：表1-3と同様

る。また，畜産に関しては動物福祉が求められ，土地利用型農業であれば地域の景観保全に果たす役割も大きい。差別禁止は内部社会的な持続可能性にもつながる課題であるが，国際的には農業における児童労働や移民労働の問題は社会的に強い関心のあるテーマである。また，グリーンケアと呼ばれる農業の福祉的役割にも注目が集まっており，日本では農福連携という言葉で知られている。文化の多様性の保全は地域の農業者や農産物，食文化を守る考え方であり，農業経営にはそれに対する積極的な役割が求められる。最後

に，貧困・公衆衛生への対応として，環境汚染対策以外にも食の貧困への対応，そして農福連携を通じた多様な人を包摂する農園といった取り組みもここに含まれる。

　表1-5は内部社会的な持続可能性のチェックリストである。まずは，従業員の給与や福利厚生まで含めた労働環境の整備，従業員の身体的・精神的健康が挙げられる。それ以外にも，従業員への教育投資を充実させ，経営の意思決定に積極的に参加させることも求められる。経営陣と対立する場合には互助的なコミュニティの存在も重要である。また，経営者自身も健康で情熱をもって仕事ができ，円滑に次の世代に農業が引き継げることも大切であるという考え方も内部社会的な持続可能性に含まれる。さらに，女性や障害者，高齢者など多様な人々を経営に取り込むというダイバーシティも重要な要素である。

　なお，持続可能な調達とは持続可能な取り組みに関して取引先の達成度合いを評価して取引に関する意思決定をすることであり，環境・社会の両方にまたがるテーマだと言える。一方で，中小企業の場合，むしろ持続可能な調達を実践する取引先から評価を受けることも多いと推察される。横田(2019)の整理によれば，この取引先からの要求が中小企業にCSRが浸透していく重要なパターンの一つである。そして，ある中小企業がCSRによってビジネス的に成功した場合，それがベストプラクティスとして他の中小企業に浸透していくこともある。

　最後に，表1-6は経済的な持続可能性のチェックリストである。持続可能性という観点から企業の経済性を分析する場合，単なる財務成果以外にも適切な投資水準やイノベーションも評価の対象になる。また，安定した経営を確立するためには，補助金に依存しない独立性，一つの事業や販路に依存しない多角化，様々な社会経済的なショックに柔軟に対応できるレジリエンスも重要である。その結果，農業者や従業員が一定の所得水準を維持できることも一つの目標である。さらに，こうした経済的な持続可能性を支えるものとして，経営者の企業家精神を重要な指標に挙げる例もある。

第 1 章　農業経営における企業価値　　23

表1-5　内部社会的な持続可能性のチェックリスト

サブテーマ	対応・インジケーター（例）	農業法人のチェックポイント
労働環境	事故防止，十分な給与，十分な休暇，給与格差，非正規労働割合	・定期昇給 ・地域内のベンチマークとの給与水準比較 ・定期休暇の設定と取得状況 ・非正規労働割合 ・事故防止の研修やマニュアル ・雇用保険，年金，各種手当の状況
従業員の健康	健康管理，衛生環境の改善，農薬健康被害	・定期健診の実施 ・農薬等の取り扱いや研修 ・作業環境の美化 ・メンタルヘルスへの配慮
従業員への教育投資	専門分野の教育，学位取得の支援	・研修費の支給 ・学位に対する給与 ・定期研修の実施
経営者としての誇り	アイデンティティ，仕事の情熱，ウェルビーイング	・経営者のビジョンや企業家精神 ・経営者の QOL や幸福度
意思決定参加	民主的な意思決定，従業員の参加	・役員構成（家族外，女性，従業員） ・従業員の意見を聞き取る機会
互助的コミュニティ	組合の自由，孤立の防止	・組合の設置
次世代への継承	農業人口の確保，後継者の育成・確保	・後継者の確保状況 ・経営継承に向けた具体的計画
ダイバーシティ	ジェンダー，年齢，マイノリティ，障害者の割合や公平な処遇	・女性，障害者，高齢者の雇用と管理職登用
持続可能な調達	上記の取組に関して取引先の達成度合いの評価	・調達方針の有無 ・取引先の評価の有無

出典：表1-3と同様

　ただし，本節のチェックリストを企業価値評価に活用するためには，ひとつひとつの取り組みの内容だけでなく，その目的や経営上の位置づけを把握することが重要となる。その理由は，これまで述べたように，中小企業はそうした経営戦略的な視点で持続可能性に取り組んでいるとは限らず，企業価値に結び付くような価値創造プロセスに至っていない可能性があるためである。仮に，環境的および社会的に持続可能な取り組みが企業価値の向上に貢

表1-6　経済的な持続可能性のチェックリスト

サブテーマ	対応・インジケーター（例）	農業法人のチェックポイント
財務成果	総資産利益率，自己資本利益率，キャッシュ・フロー，労働・資本・土地生産性	• 財務分析の実施 • 部門別管理会計の実施
投資	設備投資・修繕水準，自己資本比率，長期的投資，地域への投資	• 設備投資や修繕水準 • 適切な自己資本比率
イノベーション	製品ライフサイクル管理，ビジネスモデルの強靭性，サプライチェーンマネジメント	• R&D に関わる投資額 • 異業種や産学連携
独立性	補助金依存度，多様なファイナンス	• 補助金依存度 • 複数の金融機関との取引
多角化	生産多角化，販路多角化，事業多角化	• 生産多角化，販路多角化，事業多角化
レジリエンス	生産の安定性，フードチェーンの安定性，流動比率，リスクマネジメント，地域内調達，農外所得，投入財へのアクセス，後継者の確保	• 生産量の変動係数 • 事業継続計画の作成 • 投入財の調達先の確保
所得	家計所得，可処分所得	• 役員報酬 • 従業員給与の水準
地域内比較	地域ベンチマークとの比較，地域最低賃金との比較	• 地域ベンチマークとの比較 • 地域最低賃金との比較
企業家精神	農業経営者の企業家精神	• 農業経営者のリスク選好 • 農業経営者のネットワーキング • 農業経営者の新規事業への準備

出典：表1-3 と同様

献しているとすれば，そうした取り組みは経済的な持続可能性に様々なかたちで結び付いていると考えられ，結果として持続可能性の三つの側面のバランスも保たれると考えられる。

注
1)　実際に評価に携わる業界の担当者の間では「事業価値評価」という呼称も用いられる。その理由は評価対象が企業価値から非事業用資産を除いた事業価値であることが多いためである。第2章以降で「事業価値」が用いられる場合，実践者の立ち場から上記の意味で採用している。なお，本章ではより一般的な呼称である「企業価値」を用いている。

2)　中小企業のデータは「令和 3 年中小企業実態基本調査」（中小企業庁）を参照（日本農業法人協会，2022）。

参考文献

中小企業庁（2022）「事業承継ガイドライン」，https://www.chusho.meti.go.jp/zaimu/shoukei/download/shoukei_guideline.pdf（2024 年 5 月 8 日参照）.

江川雅子（2018）『現代コーポレートガバナンス―戦略・制度・市場―』日経 BP マーケティング.

林幸治（2017）「中小企業の M&A」佐久間信夫・中村公一・文堂弘之編著『M&A の理論と実際』文眞堂，pp. 188-201.

飯田拓詩（2023）「団体経営体の動向とその特徴」，https://www.maff.go.jp/primaff/kanko/project/attach/pdf/231215_R05census_03.pdf（2024 年 5 月 8 日参照）.

犬田剛（2023）「農業法人の M&A の実態と経営成長―企業的農業法人を対象としたアンケート調査から―」『農業経営研究』61(1)，pp. 24-35.

マッキンゼー・アンド・カンパニー（2022）『企業価値評価―バリュエーションの理論と実践―』ダイヤモンド社.

村上一幸（2024）「M&A による農業法人の経営継承の事例分析」日本農業経営学会編『農業法人の M&A』筑波書房，pp. 180-192.

内閣府（2021）「事務局説明資料」，https://www.kantei.go.jp/jp/singi/titeki2/tyousakai/tousi_kentokai/dai1/siryou4.pdf（2024 年 5 月 8 日参照）.

日本公認会計士協会（2013）「企業価値評価ガイドライン」，https://jicpa.or.jp/specialized_field/publication/files/2-3-32-2a-20130722.pdf（2024 年 5 月 8 日参照）.

日本農業法人協会（2024）「2023 年版農業法人白書―2023 年農業法人実態調査より―」，https://d2erdyxclmbvqa.cloudfront.net/wp-content/uploads/20240515114659/2023hojinhakusho.pdf（2024 年 6 月 19 日参照）.

日本政策金融公庫（2022）「農業景況調査（令和 4 年 7 月調査）特別調査」，https://www.jfc.go.jp/n/findings/pdf/topics221027a.pdf（2023 年 11 月 10 日参照）.

農林水産省（2023a）「令和 5 年農業構造動態調査結果（令和 5 年 2 月 1 日現在）」，https://www.maff.go.jp/j/tokei/kekka_gaiyou/noukou/r5/index.html（2023 年 6 月 30 日参照）.

農林水産省（2023b）「食料・農業・農村基本法の検証・見直しの検討状況について（参考資料）」，https://www.maff.go.jp/kinki/seisaku/kihon/attach/pdf/230802-6.pdf（2024 年 5 月 8 日参照）.

農林水産省（2024）「食料・農業・農村基本法」，https://www.maff.go.jp/j/basiclaw/attach/pdf/index-12.pdf（2024 年 6 月 19 日参照）.

小川景司・八木洋憲（2020）「集落営農法人によるステークホルダーマネジメントの選択と持続性」『農業経済研究』91(4)，pp. 425-430.

澤田守（2024）「日本農業の担い手構造の変化と事業継承」日本農業経営学会編『農業法人の M&A』筑波書房，pp. 16-31.

渋谷往男（2024）「農業法人の M&A とわが国農業の発展戦略」日本農業経営学会編『農業法人の M&A』筑波書房，pp. 2-15.

東京証券取引所（2018）「コーポレートガバナンス・コード—会社の持続的な成長と中長期的な企業価値の向上のために—」，https://www.jpx.co.jp/news/1020/nlsgeu000000xbfx-att/nlsgeu0000034qt1.pdf（2024 年 5 月 8 日参照）.

東京証券取引所（2020）「ESG 情報開示実践ハンドブック」，https://www.jpx.co.jp/corporate/sustainability/esg-investment/handbook/nlsgeu000004n8p1-att/handbook.pdf（2024 年 5 月 8 日参照）.

東京証券取引所（2021）「コーポレートガバナンス・コード—会社の持続的な成長と中長期的な企業価値の向上のために—」，https://www.jpx.co.jp/equities/listing/cg/tvdivq0000008jdy-att/nlsgeu000005lnul.pdf（2024 年 5 月 8 日参照）.

東京証券取引所（2023）「資本コストや株価を意識した経営の実現に向けた対応について」，https://www.jpx.co.jp/news/1020/cg27su000000427f-att/cg27su00000042a2.pdf（2024 年 5 月 8 日参照）.

八木洋憲（2018）「農業経営学における経営戦略論適用の課題と展望—ステークホルダー関係を考慮した実証に向けて—」『農業経営研究』56(1)，pp. 19-33.

山本淳子・梅本雅・緩鹿泰子（2019）「マネジメントの特徴から見た経営継承の諸類型」『農業経営研究』57(2)，pp. 17-22.

柳村俊介（2024）「農業経営継承の問題構図と M&A」日本農業経営学会編『農業法人の M&A』筑波書房，pp. 120-135.

横田理宇（2019）「中小企業における CSR の普及・伝播要因に関する制度論的考察」『日本経営倫理学会誌』26，pp. 39-52.

横田理宇・田中敬幸（2019）「中小企業の地域社会に対する CSR 活動が業績に貢献する過程」『組織科学』53(1)，pp. 53-64.

緩鹿泰子・山本淳子・澤田守（2019）「農業法人における経営継承への取り組みの実態と課題—農業法人アンケート結果を用いた分析をもとに—」『農業経営研究』57(2)，pp. 23-28.

Bacon, Christopher M., Christy Getz, Sibella Kraus, Maywa Montenegro, and Kaelin Holland. (2012). "The Social Dimensions of Sustainability and Change in Diversified Farming Systems." *Ecology and Society* 17(4).

Bikefe, Grace, Umaru Zubairu, Simeon Araga, Faiza Maitala, Ekanem Ediuku, and Daniel Anyebe. (2020). "Corporate Social Responsibility (CSR) by Small and Medium Enterprises (SMEs): A Systematic Review." *Small Business International Review* 4 (1): 16-33.

Brandth, Berit, and Marit S. Haugen. (2011). "Farm Diversification into Tourism: Implications for Social Identity?" *Journal of Rural Studies* 27 (1): 35-44.

Brulhart, Franck, Sandrine Gherra, and Bertrand V. Quelin. (2019). "Do Stakeholder Orientation and Environmental Proactivity Impact Firm Profitability?" *Journal of Business Ethics: JBE* 158 (1): 25-46.

Chithambo, Lyton, Venancio Tauringana, Ishmael Tingbani, and Laura Achiro. (2022). "Stakeholder Pressure and Greenhouses Gas Voluntary Disclosures." *Business Strategy and the Environment* 31 (1): 159-72.

Cruz, Cristina, Martin Larraza-Kintana, Lucía Garcés-Galdeano, and Pascual Berrone. (2014). "Are Family Firms Really More Socially Responsible?" *Entrepreneurship Theory and Practice* 38 (6): 1295-1316.

Dhanda, Kanwalroop K., Joseph Sarkis, and Dileep G. Dhavale. (2022). "Institutional and Stakeholder Effects on Carbon Mitigation Strategies." *Business Strategy and the Environment* 31 (3): 782-95.

El Ghoul, Sadok, Omrane Guedhami, He Wang, and Chuck C. Y. Kwok. (2016). "Family Control and Corporate Social Responsibility." *Journal of Banking & Finance* 73: 131-46.

FAO. (2013). SAFA Guidelines. Retrieved from https://www.fao.org/fileadmin/templates/nr/sustainability_pathways/docs/SAFA_Guidelines_Final_122013.pdf. Accessed on 8 May 2024.

Global Sustainable Investment Alliance. (2023). Global sustainable investment review. Retrieved from https://www.gsi-alliance.org/wp-content/uploads/2023/12/GSIA-Report-2022.pdf. Accessed on 8 April 2024.

Gómez-Limón, José A., and Gabriela Sanchez-Fernandez. (2010). "Empirical Evaluation of Agricultural Sustainability Using Composite Indicators." *Ecological Economics: The Journal of the International Society for Ecological Economics* 69 (5): 1062-75.

González-Benito, Javier, and Óscar González-Benito. (2006). "The Role of Stakeholder Pressure and Managerial Values in the Implementation of Environmental Logistics Practices." *International Journal of Production Research* 44 (7): 1353-73.

GRI standards. (2022) GRI 13: Agriculture, Aquaculture and Fishing Sector. Retrieved from https://www.globalreporting.org/search/?query=GRI+13 (accessed on 8 May 2024).

Hani, Fritz, Francesco S. Braga, Andreas Stampfli, Thomas Keller, Matthew Fischer, and Hans Porsche. (2003). "RISE, a Tool for Holistic Sustainability Assessment at the Farm Level." *International Food and Agribusiness Management Review* 6 (1030-2016-82562): 78-90.

Hull, Clyde Eirikur, and Sandra Rothenberg. (2008). "Firm Performance: The Interactions of Corporate Social Performance with Innovation and Industry Differentiation." *Strategic Management Journal* 29 (7): 781-89.

Integrating Reporting (2021) International ⟨IR⟩ Framework, https://www.integratedreporting.org/wp-content/uploads/2021/01/InternationalIntegratedReportingFramework.pdf (accessed on November 10, 2023).

Jamali, Dima, Mona Zanhour, and Tamar Keshishian. (2009). "Peculiar Strengths and Relational Attributes of SMEs in the Context of CSR." *Journal of Business Ethics: JBE* 87: 355–77.

Jeanneaux, Philippe, Yann Desjeux, Geoffroy Enjolras, and Laure Latruffe. (2022). "Farm Valuation: A Comparison of Methods for French Farms." *Agribusiness* 38 (4): 786–809.

Kassinis, George, and Nikos Vafeas. (2006). "Stakeholder Pressures and Environmental Performance." *Academy of Management Journal.* 49 (1): 145–59.

Lebacq, Thérésa, Philippe V. Baret, and Didier Stilmant. (2013). "Sustainability Indicators for Livestock Farming. A Review." *Agronomy for Sustainable Development* 33 (2): 311–27.

Li, Lan, Gang Li, Fu-Sheng Tsai, Hsiu-Yu Lee, and Chien-Hsing Lee. (2019). "The Effects of Corporate Social Responsibility on Service Innovation Performance: The Role of Dynamic Capability for Sustainability." *Sustainability: Science Practice and Policy* 11 (10): 2739.

Menghwar, Prem Sagar, and Antonio Daood. (2021). "Creating Shared Value: A Systematic Review, Synthesis and Integrative Perspective." *International Journal of Management Reviews* 23 (4): 466–85.

Meul, Marijke, Steven Passel, Frank Nevens, Joost Dessein, Elke Rogge, Annelies Mulier, and Annelies Hauwermeiren. (2008). "MOTIFS: A Monitoring Tool for Integrated Farm Sustainability." *Agronomy for Sustainable Development* 28 (2): 321–32.

OECD (2023) 2023 update of the OECD Guidelines for Multinational Enterprises on Responsible Business Conduct, https://mneguidelines.oecd.org/targeted-update-of-the-oecd-guidelines-for-multinational-enterprises.htm (accessed on May 8, 2024).

Ohe, Yasuo. (2018). "Educational Tourism in Agriculture and Identity of Farm Successors." *Tourism Economics* 24 (2): 167–84.

Perrini, Francesco, Angeloantonio Russo, and Antonio Tencati. (2007). "CSR Strategies of SMEs and Large Firms. Evidence from Italy." *Journal of Business Ethics: JBE* 74 (3): 285–300.

Porter, Michael E., and Mark R. Kramer. (2011). "Creating Shared Value." *Harvard Business Review* 89 (1): 2–17.

PwC. (2016). Redefining business success in a changing world. 19th Annual Global CEO Survey, https://www.pwc.com/gx/en/ceo-survey/2016/landing-page/pwc-19th-annual-global-ceo-survey.pdf (accessed on August 5, 2024).

Ripoll-Bosch, Raimon, Begoña Diez-Unquera, Roberto Ruiz, Daniel Villalba, Ester Molina, Margalida Joy, Ana Olaizola, and Alberto Bernués. (2012). "An Integrated Sustainability Assessment of Mediterranean Sheep Farms with Different Degrees of Intensification." *Agricultural Systems* 105 (1): 46–56.

Rivera-Camino, Jaime. (2007). "Re-evaluating Green Marketing Strategy: A Stakeholder Perspective." *European Journal of Marketing* 41 (11/12): 1328-58.

Russo, Angeloantonio, and Francesco Perrini. (2010). "Investigating Stakeholder Theory and Social Capital: CSR in Large Firms and SMEs." *Journal of Business Ethics: JBE* 91 (2): 207-21.

Russo, Michael V., and Paul A. Fouts. (1997). "A Resource-Based Perspective on Corporate Environmental Performance and Profitability." *Academy of Management Journal. Academy of Management* 40 (3): 534-59.

Sarkis, Joseph, Pilar Gonzalez-Torre, and Belarmino Adenso-Diaz. (2010). "Stakeholder Pressure and the Adoption of Environmental Practices: The Mediating Effect of Training." *Journal of Operations Management* 28 (2): 163-76.

Sharma, Sanjay, and Harrie Vredenburg. (1998). "Proactive Corporate Environmental Strategy and the Development of Competitively Valuable Organizational Capabilities." *Strategic Management Journal* 19 (8): 729-53.

Sloggett, Justin, and Don Gerritsen. (2016). A practical guide to ESG integration for equity investing. PRI Association, London.

Sustainability Accounting Standards Board (SASB). (2018). "Agricultural Products Sustainability Accounting Standard." San Francisco, CA: Sustainability Accounting Standards Board.

Van Calker, Klaas J., Paul B. M. Berentsen, Gerard W. J. Giesen, and Ruud B. M. Huirne. (2005). "Identifying and Ranking Attributes That Determine Sustainability in Dutch Dairy Farming." *Agriculture and Human Values* 22 (1): 53-63.

Wolf, Julia. (2014). "The Relationship between Sustainable Supply Chain Management, Stakeholder Pressure and Corporate Sustainability Performance." *Journal of Business Ethics: JBE* 119 (3): 317-28.

Yu, Wantao, and Ramakrishnan Ramanathan. (2015). "An Empirical Examination of Stakeholder Pressures, Green Operations Practices and Environmental Performance." *International Journal of Production Research* 53 (21): 6390-6407.

Zhang, Feng, and Lei Zhu. (2019). "Enhancing Corporate Sustainable Development: Stakeholder Pressures, Organizational Learning, and Green Innovation." *Business Strategy and the Environment* 28 (6): 1012-26.

第2章
企業価値評価の方法と農業への応用

田 井 政 晴

1　はじめに

　農業法人が経済，社会，環境の各側面において持続可能な経営を実現し，成長を遂げるためには，適切な企業価値評価（外部環境の評価を含む）とそれに基づく支援が不可欠である。しかしながら，農業法人においては，適切な企業価値評価を行うための体系的な枠組みはまだ確立されていない。農業法人は他の産業の中小企業と比較して，地域社会との結びつきや自然環境との密接な関係など，特有の特徴を持っている。したがって，これらの特徴を踏まえた評価と支援が求められるとともに，持続可能な経営の発展を促進するには，ESG（Environment, Social, Governance）の観点からの評価が重要である。本章では，農業法人の企業価値評価に関する新たな視点を提示するとともに，経済・社会・環境の面から農業法人の企業価値を総合的に評価する新たな考察を行い，理論的整理を行うとともに，その適用可能性を探り，実践的なフレームワークを提供することを目的とする。

　企業価値評価を農業法人に適用する際には，多様な事業価値分析手法のなかから評価目的や対象事業の実態に応じた適切なアプローチを選択する必要がある。具体的には，時価ベースでの事業投下資本を分析するネットアセット・アプローチと，当該事業投下資本から生み出されるリターン（フリーキャッシュ・フロー，以下FCF）を加重平均資本コストで現在価値に割り引いて分析するインカム・アプローチが挙げられる。この場合，事業価値が

時価ベースの事業投下資本を超えると，当該事業に事業性があると見なすことができる。また，時価ベースの事業投下資本と事業価値の差額がのれん相当額であり，この額がプラスであれば当該事業に事業性があると認められる。

　さらに，ブランド力，技術力，販売力，法規制による参入障壁，規模の経済など，超過収益を生み出していると考えられる具体的な要因を特定するために，農業法人の成り立ちや，農業法人が置かれている状況，自然環境との関連を踏まえた経営特性や付加価値を生み出す経営の施策を調査する。このプロセスでは，ESG 要素を含む既存フレームワークを活用しつつ，定性的な評価を行うことによって，多角的な検証を進める。

　これらの評価プロセスは，農業法人が持続可能な経営を実現し，事業の成長と地域社会への貢献を達成するための重要な指針となることが期待される。

2　企業価値評価の農業への適用可能性と課題

(1)　法人経営体の増加

　農業従事者の高齢化が進むなかで，家族経営中心の農業が経営承継や規模拡大といった課題に対応するためには，農業経営の法人化が必要である。法人化による経営管理の高度化，対外信用力の向上，有能な人材の確保，農業従事者の福利厚生の充実，経営継承の円滑化など，法人経営がもたらすメリットを活用して農業を発展させることが重要になる。このような背景のもと，一般企業による農業参入を促進するために，農地法の改正など段階的な規制緩和が実施され，法人経営体数と販売金額は増加した。2020 年の農林業センサス[1]によると，農業経営体全体の 1.9％（2010 年は 0.9％）の経営体（農産物販売額 5,000 万円以上）が，国内農産物販売額の 61.8％（2010 年は 35.2％）を占めており，一方で，農業経営体の多数（52.1％）を占める販売額 100 万円未満の経営体の販売額の全体に占める割合はわずか 3.4％にすぎない。このことから，日本の農業生産は多数の個人農家によって支えられているわけではなく，集約化・大規模化の途中にある少数の法人経営体と家族

経営体が，日本農業の強力なエンジンとして機能していることがわかる。

　農業や畜産農業において，事業経営で最も重要なのは，適正規模で利益を持続的に生み出せる仕組みを構築することである。しかし，耕種農業では，農地を自社に有利な条件で集積・集約することが難しく，事業規模の拡大に伴って，栽培期間の分散，圃場管理や農業機械の効率的運用が求められる。超過収益力を維持するためには，品質維持や収量確保のための種苗調達や栽培技術習得など，新たな努力が必要である。畜産農業では，過剰投資・過剰負債からの脱却が困難な状況にあり，国内外の市場を問わず，生産性の向上と環境対策が主要課題となっている。さらに，労働力の確保，社員教育を含む労務管理は，組織機能が有効に機能していくなかでコストアップ要因となっている。今後さらに，経営者の高齢化や離農による経営離脱が増加すると予想され，2000 年代に設立された法人経営体においては，承継問題がすでに顕在化している。単なる資産承継を超えて，今後は法人経営体同士の統合，合併や事業譲渡，さらには栽培・飼養や出荷などにおける広域連合が増えるだろう。その際に必要とされるのは，財務諸表や事業計画を活用した定量的かつ比較可能な企業情報の整備と，技術力や販売力，経営手腕などの定性情報の開示である。

(2)　農業法人を取り巻く状況

　農業の事業承継は長らく個人経営体の相続承継を前提としてきた。しかし，農業が承継されない場合には離農となり，相続人は活用の当てがない資産を売却するか，適切な譲渡先が見つからなければ耕作放棄地や荒廃設備として放置される。耕種農業や畜産農業の個人事業における承継問題を「担い手不足」と一言で片づけるのは簡単であるが，国内の事業経営者全体の 6 割が60 歳を超え，平均年齢が毎年上昇している現状から見ると，中小商工業者の廃業や事業承継の問題と同様に，担い手不足は耕種農業・畜産農業に特異な現象ではないことがわかる。

　現在，農業法人間での事業効率化や垂直統合を意図した経営統合の動きは

それほど見られず，農外企業が M&A によって農業分野に進出した実績も多くはない。一方で，事業再生を契機とする農業法人の事業譲渡は増加傾向にあり，事業継続のために他法人や投資ファンドへの譲渡を検討するケースも増えている。さらに，譲渡を受けた側が持つ経営ノウハウや資本力を活用し，事業再建や事業拡大を実現する事例が見られるようになった。これらの動きは，地域農業の新たな成長機会として注目されている。今後の 10 年を考えると，農業経営者の高齢化や離農による経営離脱に伴い経営状態悪化などを理由にした事業承継や事業再生を目的とした事業譲渡の増加が予想される。また，サプライチェーンの観点から見ると，農業や畜産農業を取り巻く上流・下流に位置する他産業からの資本参加や業務提携は活発化している。このような動きは将来の食料安定供給や集荷能力を見込んだ投資の一環として進行しており投資側からは客観的な評価手法が強く求められている。

　以上の背景を踏まえ，農業の持続可能な発展を図るためには，事業承継問題への対応策として，経営の法人化，経営統合，M&A の促進が不可欠である。さらに，適切な評価手法を導入することにより，農業経営の透明性と信頼性を高めることが求められる。このような取り組みにより，農業分野における資源の有効活用と新たな投資機会の創出が期待される。

（3）　農業を事業として評価するための留意事項

　農業はしばしば，「経営規模が小さいゆえに投資の対象にはならない」と言われることがあるが，その見解は正確ではない。耕種農業では，一定規模にまで農地が集約された農業法人，施設園芸，作業受託組織，さらには六次産業化促進支援事業や大規模機械化事業などの補助金を活用した経営の多くが，減価償却を終えて流動化が可能となった設備を持ち，投資の対象となり得る。畜産農業では，どの畜種でも設備投資額が大きく，新規の畜産事業用地の確保が困難であることから，事業立地や設備の状況によっては投資の対象となり得る。

　農業を事業として評価する際には，以下の 7 つの留意点を考慮する必要が

ある。①農業特有のレギュレーションの理解，②資産評価の必要性，③収益性の検討，④市場動向分析，⑤金融面の課題解決，⑥リスク管理，⑦持続可能性の検討，である。これらの留意事項を考慮することで，農業は他の産業と比較して，決してユニークな要素ばかりではない一般的な事業評価の枠組みに位置づけることができる。農業経営体の特性を深く理解し，正確な評価を行うことで，投資や事業発展に向けた新たな機会を創出できると考えられる。

1) 農業特有のレギュレーションの理解

　まず，農業特有のレギュレーションの理解が重要である。耕種農業では，農地の取り扱いに関して農業委員会，水利組合，地権者などとの関係が他地域からの参入や農外企業の新規参入の際に重要な要素となる。農外企業や地域外の企業が新たな地域に参入する際には，地域ごとの特色や文化を理解し，地元コミュニティとの調和を図る必要がある。農業経営体の主要資産である農地は，譲渡制約（農地法第3条に基づく農業委員会からの許可をとる必要性）がある流動性の低い資産である。法律や規制，利用権や商習慣，地域ごとに異なる農業特有のルールや慣行が経営に大きな影響を与えている。一方で，農業委員会の運用では，農地転用や新たな所有者への変更の場合でも，常に地域の人々との合意形成が求められる。事業基盤である農地を現状のまま耕作できるかどうかが不透明な状態では，農業経営の持続可能性に不安が残る。これは，農地中間管理機構を活用した利用権の設定でも同様である。

　畜産農業では，環境問題などを理由に新たに事業地を新設することが困難であり，業界や地域の商慣習に適応することも求められる。畜産経営は，単なる資産譲渡では事業の継続が難しい。耕種農業および畜産農業にはそれぞれのレギュレーションに着目する必要があり，これを踏まえていない取引は実現性に乏しい。農業の特性を深く理解し，それに適した戦略を構築することが必要である。

2） 資産評価の必要性

　次に，資産評価の必要性についてである。事業会社の主要な資産には，有形固定資産（土地，建物，機械設備，在庫などの棚卸資産，など）と無形固定資産（特許権，借地権，ソフトウェア，のれん，など）が含まれる。この点においては耕種農業・畜産農業も同様である。ただし，農業分野の資産，特に農地や農業用設備，畜舎などには，しばしば自由に譲渡できない制約がある。たとえば，国庫補助金等で取得した資産は，第三者への譲渡や貸与に厳しい制限が課されていることが多い。また，減価償却が進んだ農業用施設や農業用ハウスなどの設備は，簿価と市場価値との間に大きな乖離が生じていることが一般的である。そのため，財務報告書上の簿価をそのまま時価価値として採用することはできない。耕種農業の主要資産である農地は，農地法第3条に基づく農業委員会の許可が必要であり，譲渡制約が付いているため，民間金融機関や一般の事業会社から見ると，流動性が非常に低いとされる。また，農地中間管理機構を経由した借上げ農地には通常資産性がない。さらに，流通量の多い汎用性のある農業用機械も市場に精通していない場合，市場価値が見い出せず，流動性に劣ると判断される。

　資産評価を行ううえでの着目点として，事業継続を前提（ゴーイングコンサーン）とする場合と，事業継続を前提としない場合（企業解散や担保処分などによる売却）とでは，評価額の設定条件が大きく異なる。事業継続を前提とした場合には，減価償却が進んだ資産であっても使用価値に着目した評価が可能である。例えば，乗用トラクターは法定耐用年数が7年であるが，購入後20年程度使用されてもなお稼働可能なため，相当年数が経過していても経済的価値はゼロにはならない。このような場合，中古取引市場を分析することで，市場で成立する可能性の高い価格（市場価格＝時価）が把握できる。同様に，中古農業用ハウスやバイオマス設備など，新設コストが近年上昇している資産などは特に，その使用価値に基づいた評価が可能である。これらの資産を適切な評価方法によって時価評価することは，農業事業の財務戦略において重要な役割を果たし，正しい投資判断や資産管理の基盤となる。

第2章　企業価値評価の方法と農業への応用　　　　37

一方で，事業継続を前提としない場合には，現経営者が意図しない形で現状有姿での売却（例えば競売市場による売却など）を余儀なくされるために，相当な割引を覚悟しなければならない。このような場合には，合理的な期間内に買い手が付くことを想定した実現可能な売却価格（処分価格）まで資産評価が減じられる。いわゆる「叩き売り」とみなされる状況であり，十分に稼働可能な資産であっても，スクラップバリュー（Scrap Value 生産用途ではなく，そこに含まれる材料を売り物として売却する場合に，当該資産について実現され得る特定日現在における予想金額）と同等の価値にしかならない。

3)　収益性の検討

　財務健全性は，収益性，効率性，資本構造，流動性など，企業の財務状況を反映する複数の要素により構成されている。これらの中でも収益性は，農業法人の年間収益，利益率，将来の成長見通しなどを把握することで，事業の動態的価値として理解されやすい。収益性の検討には，過年度の財務諸表や納税申告書の分析，限界利益の考察，生産技術や販売戦略を踏まえた将来予測が必要である。将来の成長見通しを明らかにするためには，具体的な投資計画やマネジメントの関与，生産工程管理など多くの要素を考慮する必要がある。

　特に現代の農業法人の収入において大きな意義をもつ農業補助金に関しては，恒常性と持続可能性をより詳細に検討する必要がある。具体的には，営業収益として計上される価格補塡収入や作業受託収入，営業外収益として計上される作付助成収入や一般助成収入，製造原価を構成するものとして飼料補塡収入や燃料費補塡などが挙げられる。また，収入減少影響緩和策（ナラシ対策）などの過年度分の販売収入の減少を補塡する経営所得安定対策の補塡金は特別利益に該当する（積立金勘定に注意）。

　ほかにも，農地や農業用設備から得られる賃料収入，太陽光発電設備による売電収入なども，多角化する収益源として考えられるだろう。これらの収益源の長期間にわたる影響を正当に評価し，それに基づく効果的な財務戦略

を構築することが，農業法人の持続可能な成長には不可欠である。農業法人は，こうした多様な収益機会を活用して，変動する市場環境や規制の中で持続的に適応できる能力を備えている。

4）　市場動向分析

　市場動向分析では，自社事業の競合状況や将来の成長見通しなどの多岐にわたる市場における要素を考慮し，自社商品の優位性や地位を強み・弱みの観点から分析することが重要である。持続可能性の観点から，自社のビジネスモデルを競合他社と比較し評価することも必要である。このような分析は市場出荷がメインの場合はもちろん，中食や外食産業などとの取引の場合には特に必要である。超過収益力を持続的に生み出す仕組みとは，製品の差別化，市場ニーズへの適応，技術革新など様々な要因の相乗効果による成果だからである。事業のネガティブファクター（リスク）だけでなく，ポジティブファクター（機会）にも焦点を当て，市場での自社商品のプレミアムを判断することが求められる。

　具体的には，市場動向分析を行う際には，以下の点が重要である。すなわち対象市場の現在の規模と将来の成長予測を分析し，自社商品の需要予測を立てること。市場や地域における主要な競合他社の市場シェア，強み・弱み，戦略を把握し，自社の位置づけを明確にすること。消費者の嗜好や購買行動の変化を追跡し，市場ニーズに適応した製品開発やマーケティング戦略を策定すること。また，市場に影響を与える法規制や政策の動向を把握し，それに対する対応策を検討することなどである。

　これらの市場動向分析を通じて，農業法人は自社の競争力を高め，持続可能な成長を実現するための戦略を構築することが可能となる。市場環境の変化に柔軟に対応し，リスクを最小限に抑えつつ，新たな機会を最大限に活用するための指針となる。

5)　金融面の課題解決

　金融面における課題としては，債権債務の管理や，簿外債務，国税や地方税の滞納状況などの明確化が挙げられる。これらは，健全な法人経営や円滑な事業承継の実施のために，最優先で対応すべきものである。企業価値評価は一般に金融理論に偏る傾向があり，ビジネスプランのプロセスに関する考察や，M&A，事業再生，金融機関の融資実務上の論点が見過ごされがちであるが，金融機関との適切な関係を築くことが，事業の継続や承継において無視できない重要な要素である。

　例えば，事業譲渡と株式譲渡においては，債権者保護手続きの要否が異なるが，債務整理を伴う場合には，金融機関に対し債務免除やリスケジュール等の条件変更を求める必要が生じる。そのためには，金融機関から提案された経営戦略に基づく具体的なシナリオを踏まえて，双方の信頼関係の構築が不可欠である。さらに，承継対象資産（農地・建物・機械設備・棚卸資産）の範囲によっては，コア事業およびノンコア事業の特定による残余資産の処理が課題となり，資産の適切な評価と合理的な分配計画が重要となる。法人経営者が債務保証に関与している場合には，当該債務保証の解除が求められる。このように金融機関との適切な関係を築くには多岐にわたる課題を乗り越えなくてはならない。これらの課題の解決は，事業方針の選択肢を広げ，事業の成功に直結する要因となる。特に，事業再生の局面においては，金融機関との調整により，農業法人の持続可能な成長を支える基盤が確立される。融資先金融機関との信頼関係は「リレーションシップ・バンキング（Relationship Banking）」と呼ばれ，金融機関は融資先企業の成長を支援し，農業法人側も安定した資金供給を享受できるなど，双方にとって有益な関係が築かれる。

6)　リスク管理

　自治体が公開するハザードマップで確認できる自然災害リスクのみならず，市場リスク，政治リスク，競争リスク，金利リスクなど，農業法人が単独では

コントロールできない様々な外部事象に対するレジリエンスが問われる。事業者としての対応姿勢や予防策を確立することが求められ，これにはリスク評価と管理プロセスの強化，緊急対応計画の策定，保険の活用，市場や技術の動向を踏まえた戦略的な調整などが含まれる。リスク評価と管理プロセスの強化は，農業法人が直面する潜在的なリスクを特定し，その影響を最小限に抑えるための重要な手段である。具体的には，リスクマトリックスを用いたリスクの定量化や優先順位づけ，リスク分散策の導入が考えられる。緊急対応計画として，農業版事業継続計画（農業版 BCP）の策定においては，自然災害や市場の急変に対応するための具体的な行動計画を事前に準備し，従業員全員に周知徹底することが重要である。また，保険の活用は不測の事態に備えるための有効な手段であり，農業保険や収入保険など，適切な保険商品を選択することが求められる。最後に，市場や技術の動向を踏まえた戦略的な調整により，リスクを事前に察知し，適切な対策を講じることが可能となる。例えば，新しい栽培技術の導入や市場の変化に迅速に対応するためのマーケットリサーチの実施などは，リスク管理として理解される。このようなリスク管理策を総合的に実施することで，農業法人は持続可能な経営を維持し，予期せぬリスクにも柔軟に対応することができる。リスク管理は，単にリスクを回避するだけでなく，企業の成長と発展を支える重要な要素である。

7）　持続可能性の検討

　農業事業の持続可能性は，環境，社会，経済のバランスを考慮した長期的発展を意味している。具体的には，自然資源の保護，生態系の健全性の維持，将来の世代が同様の資源を利用できるような取り組みが焦点となる。これを達成するためには，化学肥料や農薬の使用を抑えること，土壌環境を保護する耕作方法を採用すること，水資源の効率的な利用を推進することなどが必要である。また，温室効果ガスの排出削減や生物多様性の保護も重要な目標のひとつである。こうした課題は日常の業務運営と隔絶したものではなく，効率的な業務運営や過剰な生産費用の抑制として理解できる。消費者の持続

可能な製品への関心が高まるなか，これらの取り組みは企業価値を高める要因となる。

　農業法人にとって，ESG（Environment, Social, Governance）への積極的な取り組みは，目に見える企業価値向上策としてだけでなく，ガバナンスを中心に社会や環境に対する積極的な関与を示すことで，経営リスクを減少させるだけでなく，すべての利害関係者に還元される価値を生み出すと考えられ，社会的信用や長期的な持続可能性を高める鍵となる。このような視点を持つことで，地域と環境，事業の利益の調和を図り，未来志向の成長が可能になり，農業法人は持続可能な成長を遂げ，社会的責任を果たしながら経済的利益を追求することができる。このように，持続可能な農業は，単なる環境保護にとどまらず，企業価値の向上や社会的信頼の獲得にも寄与する。

(4)　適切な事業評価の重要性と課題

　企業買収や投融資の際には，事業価値を明確にするために財務，経営，技術などあらゆる視点から，定められた複数の評価項目に基づいて事業者に対する調査・評価が行われる。例えば，経済産業省が公表するローカルベンチマーク手法では，財務情報および非財務情報に関するデータを入力することにより企業の経営状態の分析が可能である。また，日本政策金融公庫では経営者能力および経営戦略に関する評価項目を定めて融資のための評価を行っている。しかし，必要な情報が不足している場合，客観的な検証を行うことが困難である。このような場合，経営者の能力を評価し，経営戦略を検証するためには，事業の基本的な仕組みを理解したうえで，対象事業が保有する主要な経営資源およびその展開力の有無を把握する必要がある。さらに，事業の流れと各要素の関連性ならびに競争上の優位性を分析し，事業展開の方向性を明確化することが求められる。これにより，事業譲渡の背景や，設備資金および運転資金の必要性についての具体的な考察が可能となる。

　しかし，農林水産業分野では，適切な事業評価を行うために必要な情報が十分に提供されていない。多くの農業者は自身の経験や勘に頼って安定した

供給を実現しており，その過程で用いられる技術の具体的な課題や改善点が不透明である。この結果，投資家は利用可能な情報から農林水産業の投資採算性を検証することができず，事業の成長性を適切に評価することが困難である。地域ごとのブランド力，それを支える地域特性，品種が適合する土壌や栽培技術など，網羅すべき情報は広範にわたるため，専門性を深めるほどにこれらの要素の全体像を把握することが難しい。限られた時間内でこれらの情報を全て網羅することはほぼ不可能である。

こうした情報の不足は，事業の成長可能性に関する重要なデータの見落としにつながり，将来の収益力を正確に予測することを一層困難にする。農業を事業として適切に評価するために必要な基準が不明確な場合，事業リスクを適切に判定することができない「不確定な要素」として理解されてしまう。その結果，ポジティブファクター（機会）ですら，事業のネガティブファクター（リスク）に包含されかねない。これは，全ての利害関係者からのリスクプレミアムの要求（投資家が投資する際にリスクを引き受ける代償として要求する追加の利益やリターンのこと。銀行の場合は追加担保や保証となる）につながる。事業評価が正しく行えないという事態は，投資家，経営者，地域コミュニティに対しても不利益をもたらす。正確な事業評価のためには，農業特有の特徴を十分に理解し，それに応じた情報収集と分析が必要である。これにより，農業法人は持続可能な成長を遂げ，社会的責任を果たしながら経済的利益を追求することが可能となる。

3　定量評価と定性評価

事業実態を把握するためには，事業の仕組みを定量的および定性的な両面から捉える必要がある。初期段階では，事業者から提供された財務報告書や事業計画書を精査するところから事業分析が始まる。

(1) 定量的な事業価値（数字で測れる事業価値）の把握

　定量的な事業価値の把握は，事業の「静態的価値」を捉えるものである。図2-1のとおり，土地（特に農地），建物，農業用施設，農業用機械，家畜などの物理的な資産は明示的であり，理解されやすい。これらは企業が持つ「資産」として貸借対照表から容易に読み取ることができる。しかし，減価償却済みの資産の価値が過小評価される一方で，不稼働資産の価値が過大評価されることがあり，現時点の簿価が必ずしも事業継続を前提とした企業価値を正確に反映しているわけではない。事業の定量的な評価にはさまざまな手法がある。代表的な手法であるDCF法（Discounted Cash Flow）では，将来のキャッシュ・フローを現在価値に割り引いて事業価値を評価する。また，市場比較法では同業他社の株式価格や売上高などを基に事業価値を算出する。さらに，アセット・アプローチでは企業の純資産価値を評価し，適切なプレミアムやディスカウントを加えて事業価値を算出する。

　このような評価手法を用いることで，物理的な資産だけでなく，将来キャッシュ・フローや市場の動向，企業のリスクなどを考慮した事業価値を評価することが重要である。より正確で適切な価値を把握することで，戦略的な意思決定や投資判断が可能になる。

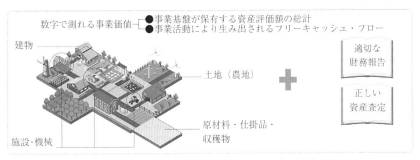

図2-1　定量的な事業価値のイメージ（耕種農業）

出典：筆者作成

(2) 定性的な事業価値（数字で測れない事業価値）の把握

　定性的な事業価値の把握は，数字で測れる事業価値と同様に，財務報告から得られる基礎的な情報により，事業の全体像と経営の課題を明らかにする。しかし，明示的ではない情報や経営者や利害関係者からのヒアリングによってしか把握できない情報も存在する。定性的な事業価値は，事業の「動態的価値」を持つが，これらの情報は相互に複雑に絡み合い，図2-2のように因果関係を明確にすることが困難である。

　例えば，経営者の手腕やスタッフのチームワークが商品開発やサービス提供に与える影響など，経営の可視化は容易ではない。環境制御型の農業や畜産農業などの装置産業では，安定供給を保証するための継続的な設備投資が不可欠である。設備投資は時として過剰投資と判断される場面もあるが，新規参入の障壁となり，事業の希少性を創出する側面もある。旺盛な設備投資は財務負担を増大させる一方で，市場における独自の地位を確立する助けにもなる。

　財務情報や生産指標の分析を通じて，討論すべき経営課題が明確になるが，債務償還年数のように直感的に理解しやすい指標だけでは，生産者の努力や技術レベルの向上が将来収益にどう結びつくか，その好循環がどれくらい持続するかを予測するのは難しい。これはESG関連要素の経営効果も同様である。経営者や利害関係者の洞察や判断力が不可欠であり，その価値は数字

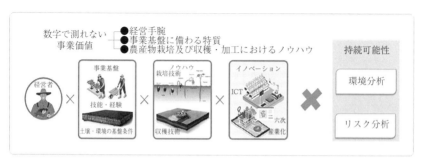

図2-2　定性的な事業価値のイメージ（耕種農業）

出典：筆者作成

だけではなく，広範な情報や洞察に基づいている。これが定性評価の必要性の根拠である。

(3) 評価のプロセス

最初に事業全体を定量と定性の二つの方法で分析し，定量評価では，不動産，機械設備，棚卸資産，売掛債権などのそれぞれの資産項目を確認する（図2-3）。必要に応じて不動産鑑定評価や動産評価手法に基づいて時価評価を行う。また，財務分析の初期段階では，豊富な業種別データを基に標準的な数値との比較を通じて経営状態を把握することも有効である。

定性評価では，対象事業の業務フローに従って各事業要素の分析を行い事業の全体像を明らかにする。各事業要素の重要性に基づいた区分を行い，業務フローで示された項目ごとに，財務分析や資産評価を参照しながら具体的な所見を「見える化」していく。事業分析の主な目的は，事業分析の利用者が事業の成り立ちや事業者を取り巻く諸条件および自然環境との関係性を理解し，対象事業の妥当性・有効性・効率性・持続可能性を評価した上で，経

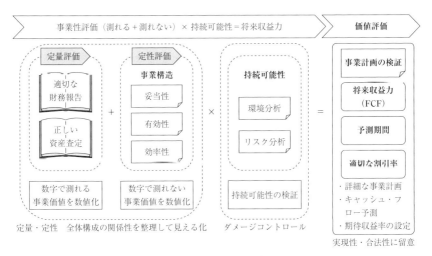

図2-3　事業分析の流れ

出典：筆者作成

営改善策や支援策を検討することである。事業再生や M&A 検討，投融資の実行に際して，企業が開示する財務情報に依存することなく，将来の可能性に基づいた経営改善策や支援策を検討する必要があるため，広範囲に及ぶ。このプロセスは，様々な背景を持った利害関係者が議論する上での共通のプラットフォームとして期待され，網羅的な定性分析により将来の収益や事業リスクの定量化が可能になる。このような包括的なアプローチによって，事業の真の価値と潜在的なリスクが明確になり，適切な意思決定につながる。

4　経営指標による分析

農業法人の事業分析を行う初期段階では，まず経営指標を用いた分析を行う。収集する情報の範囲と検討すべき事項を明確に決定し，詳細な定性評価の検討プロセスに進む前段階となる。業種・業界ごとの傾向を捉え，経営の一般的な動向をあらかじめ把握することが必要であり，これは財務指標と業種ごとの標準値との乖離を比較することで効果的に実行できる。「マネジメントに優れた経営は，財務分析によって事業の持続可能性がある程度判断できる」と言われるが，自己資本が充実し流動性比率が安定しているなど，財務バランスが均衡している経営は「良い経営」とされる。財務指標すべてに KPI（Key Performance Indicator，重要業績評価手法）を設定する必要はないが，農業法人の実態を検証する過程として有効である。例えば，損益計算書（PL）における販管費と売上高の関係，人件費と売上高の関係，販売促進費と売上高の関係などは企業実態の把握に役立つ。しかし，重要なのは事業実態と事業活動によって初めて数字が意味を持つということである。

優良な経営モデルには，農業類型や経営方針によって様々なスタイルがある。農業経営は借入金依存度が高く，損益分岐点が高く，自己資本比率が低い業種であるとされるが，経営の実態を分析する際に特定の指標のみに目を奪われ，数値の高低を論じてもあまり意味がない。分析対象の農業法人について「なぜこの数値（状態）なのか」という考察こそに意味がある。

経営指標による分析によって全体像を把握したのちに経営者ヒアリングに移る。財務情報に紐づいた経営情報を収集したうえで，経営戦略の巧拙を超えた事業の将来展望を明らかにする機会である。経営者が考える自社のベンチマーク，将来収益力，期待収益率など，経営者の熱意を通じて得られる重要情報は，このヒアリングのみから得られる。戦略的な意思決定をサポートし，会社の方向性を定める上で不可欠な情報は，事前に収集した財務情報を基に質疑を行うことで明らかになる。

自社の財務状況に対する理解は，適切な財務報告と正確な収益認識，そして将来のビジネス環境や市場動向に基づいた確かな予測，事業の全体像とのずれを把握し，主要課題に効果的にアプローチするプロセスを知ることで一層深まる。経営者ヒアリングは単なる情報収集過程ではなく，戦略的意思決定を支援し，会社の方向性を明確にするための重要なステップである。

(1) 必要資料

経営指標分析に不可欠な必要資料として6点を表2-1に例示した。適切な経営指標分析を実施するためには，これらの決算書類の提供が必要である。このうち，決算報告書（貸借対照表，損益計算書，キャッシュ・フロー計算書など）は欠かせない。これらは分析プロセスにおける基本的な要素である。貸借対照表は，企業の資産，負債，そして株主資本の状況を特定の時点で示したものであり，企業の財務構造と流動性の健全性を評価できる。損益計算

表2-1 経営指標分析に必要な資料

No.	書類種別
1	過去3〜5期分の決算報告書（貸借対照表，損益計算書，キャッシュ・フロー計算書など，勘定科目内訳書を含む）
2	税務申告書（写）
3	固定資産台帳（圃場・設備の全体像が把握できる資料）
4	会社概要
5	仕入れ先・販売先の概要
6	事業計画書・営農計画書(開示可能な範囲)

出典：企業価値評価ガイドライン（日本公認会計士協会）を参考に筆者作成

書は，特定期間における収益と費用を報告し，企業の収益性と運営効率を明らかにする。キャッシュ・フロー計算書は，現金および現金同等物の流れを追跡し，企業の現金生成能力と財務状態の持続可能性を評価可能にする。

それぞれのドキュメントは，経営戦略，リスク管理，投資判断に不可欠な情報を提供している。また，企業は規制当局へのコンプライアンスを示し，利害関係者に対して開示可能な透明性を確保するためにも，これらの資料が必要である。

(2) 経営指標の分析方法

経営指標分析の手法として，経済産業省が公表するローカルベンチマーク（以下，ロカベン）は，企業の健康診断ツールとして広く認知されている。ロカベンは，企業の経営者と金融機関・支援機関等が対話を通じて活用し，企業経営の現状や課題を相互に理解することを目的としている。これにより，

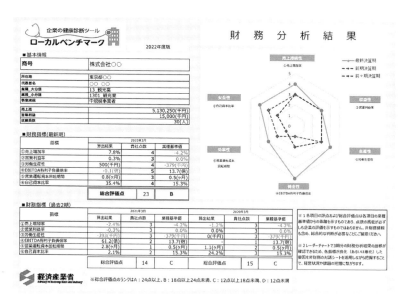

図2-4　ローカルベンチマーク（ロカベン）シート「6つの指標」（財務面）
出典：経済産業省ホームページ

第2章 企業価値評価の方法と農業への応用　　49

図2-5　「商流・業務フロー」(非財務面),「4つの視点」(非財務面)
出典：経済産業省ホームページ

個別企業の経営改善や地域活性化が図られる。ロカベンは，「6つの指標」
（財務面）（図 2-4），商流・業務フロー，ならびに「4つの視点」（非財務面）
（図 2-5）からなる 3 枚のシートで構成されている。この分析手法は，農業
経営の健康診断ツールとしてもその有用性が認められており，経営類型別の
代表的な財務指標とともに，その活用範囲が拡大することが期待されている。

　ロカベンは経営状況の多面的な評価を可能にしており，具体的な財務情報
の指標には，売上増加率，営業利益率，労働生産性，EBITDA 有利子負債
倍率，営業運転資本回転期間，自己資本比率が含まれる。これらの指標を用
いて，同規模・同業種の企業（日本標準産業分類の 23 業種に基づく）と比
較して，対象企業がどのような財務状況にあるかを把握することができる。
また，標準値との乖離を点数化することにより具体的な比較分析も可能であ
る。この分析ツールは，地域経済に根ざした中小企業にとって価値あるリ
ソースであり，経営上の強みと弱みを明確にすることで，戦略的な意思決定
を支援する。業務の効率化や市場競争力の向上に向けた具体的なアクション
プランの基盤として活用可能であり，企業が直面する具体的な課題への対応
を促進するとされている。さらに，企業が自己評価を行うだけでなく，外部
のステークホルダーとの有意義なコミュニケーションを促進する手段として
も期待されている。

(3)　財務指標の例示

　日本政策金融公庫農林水産事業本部が提供する農業経営動向分析結果を参
考にすれば，業種ごとの財務指標（収益性，安全性，償還能力，成長性，損
益分岐点，生産性など）を活用して基準値との比較を行うことができる（表
2-2）。財務情報から得られる基礎的なデータを通じて事業の全体像を把握し，
経営の主要課題に対してアプローチする。これにより売上に影響を与える要
素やコスト削減の可能性がある項目，相互に関連性の高い要素を定性的に分
析することが可能になる。基本的な財務構成を理解することは，経営戦略を
立てる上で極めて重要である。具体的には，売上高増加率や営業利益率など

第2章　企業価値評価の方法と農業への応用　　51

表 2-2　財務指標の例示

No.	財務指標	属性
1	収益性	売上高，売上総利益，経常利益，CF（規模（面積 a，頭数）），利益率（総資本経常利益率など），回転率（総資本・固定資産）回転期間，売上高比（材料費・人件費・支払利息・借入残高）
2	安全性	当座比率，流動比率，自己資本比率，借入金依存度，借入金支払利息率
3	償還能力	CF，債務償還年数
4	成長性	売上高増加率，経常利益増加率
5	損益分岐	損益分岐点売上高，損益分岐点比率，限界利益率
6	生産性	付加価値，労働生産性，売上高・粗利益額／一人当たり

出典：『農業経営動向分析結果』をもとに筆者作成

の指標を分析することで事業の収益性が評価され，どのセグメントが最も効率的に貢献しているかを特定できる。また，安全性を示す指標としての流動比率や当座比率からは，短期的な財務リスクを評価することができ，企業が流動性の危機にどれだけ耐えうるかを示す。

　財務報告書に明示的でない経営情報は，経営者からのヒアリングを通じて補完されるべきであるが，財務指標と経営者からの直接的なフィードバックを組み合わせることで，農業法人の全体像をより正確に捉えることが可能になる。このような総合的なアプローチにより，経営の健全性と将来の成長性を包括的に評価し，適切な経営戦略の策定に役立てることができる。

(4)　経営指標分析に用いる資料

　『農業経営動向分析結果』は，日本政策金融公庫農林水産事業本部の融資先を対象に，売上高が最も高い部門で区分して，3ヵ年の決算データを集計し，損益の動向や財務指標などを分析したものである。農業分野で入手可能な資料としては網羅性が高い。次に，『中小企業実態基本調査』は，中小企業基本法第10条の規定に基づき，中小企業をめぐる経営環境の変化を踏まえ，中小企業全般に共通する財務情報，経営情報および設備投資動向等を把握するため，中小企業全般の経営等の実態を明らかにしている。これは，中小企業施策の企画・立案のための基礎資料を提供するとともに，中小企業関

連統計の基本情報を提供するためにデータ収集されたものである。『農業法人における経営類型別の財務指標の標準値とランク区分』(中央農業総合研究センター，2011 年 3 月) は，農業法人や指導機関が経営診断を実施する際の目安となる。農業法人における経営類型別の経営指標分析に用いられる代表的な財務指標は，近年公表された『農業法人の財務状況の特徴と経営改善のための取組について―農業法人の財務基盤調査分析結果―』(農林水産省経営局経営政策課，令和 6 年 6 月公表) が参照しやすい。

5 定性評価

定性評価は，農業の成り立ちや農業法人を取り巻く諸条件と自然環境との関係を考慮し，7 つの主要項目に分類される。これらの項目は，①基本情報，②事業形態と地域特性，③事業基盤，④マネジメント，⑤事業体制，⑥環境分析，⑦リスク分析である。さらに，これらの主要項目は 16 の中分類に細分化され，各評価項目について具体的な方法を設定し，評点を加える。

例えば，事業基盤の評価には経営資源の有効活用や設備投資の効果などが含まれ，詳細な分析が求められる。同様に，マネジメントの評価では経営者のリーダーシップや組織の効率性が評価対象となる。このようにして，多角的な評価を通じて農業法人の全体像を把握し，強みと弱みが明確になる。

(1) 達成度の評価方法

各小項目の達成度は，表 2-3 に整理したとおり「優・良・可・要改善」などの評点を用いて評価を行う。これにより事業の状況を客観的に評価し，改善すべき項目を明らかにする。例えば，「優」は，地域のベンチマークを超えた高いパフォーマンスを示しており，十分取り組まれ良好な状態であることを示している。「良」は，基本的な取り組みがなされている状態を指し，必要な基準は満たしているが，さらなる改善の余地がある状態を指す。「可」は，一部が実行され改善の必要が認められる状態を表し，基本的な要件は達

第2章　企業価値評価の方法と農業への応用　　53

表 2-3　達成度の評価方法

評価レベル	評価点数	達成度	参考
優	5点	充分に取り組まれ良好（地域におけるベンチマークとすべき優良事例）	目標や指標に対する達成や実績が示されいる。
良	3点	基本的な取り組みがなされている	目標や指標のいずれかが公表されている。
可	1点	一部が実行され改善の必要が認められる	目標や指標に寄与する活動が認識されている。
要改善	0点	未着手あるいは対応が必要(投融資の対象外,取引関係を再検討すべき場合)	目標や指標が認識されていない。

出典：筆者作成

成されているものの多くの領域で改善が必要な状態を指している。一方，
「要改善」は，基本的な要件を満たしておらず，未着手あるいは対応が必要
な状態を指している。これは，投資家として投融資の対象外とすべき場合が
想定される。この場合には，事業者との積極的なコミュニケーションと協力
を通じて，問題点を共有しながら経営改善のモニタリングに努め，改善の可
能性が見出されるまでのあいだは，要改善という評価をためらうべきではな
い。

　定性評価の意義は，単一項目の比較だけでなく，評価項目の合計値を用い
て経営力の総合判断を行うことができる点にある。他の事業者との比較対照
を試みることで，事業者間の相対的な位置づけを理解し，多面的な視点から
経営上の問題点を発見することが可能になる。

(2)　評価項目

　事業分析を行う際には，農業の成り立ちや農業法人を取り巻く経済，社会，
環境などの側面から，事業性を妥当性，有効性，効率性，持続可能性の観点
から整理する。評価の観点は，基本情報，事業形態と地域特性，事業基盤，
マネジメント，事業体制，環境分析，リスク分析の7つのカテゴリーに分類
されるが，さらに中小の項目に細分類して，「定量的な事業価値」と「定性

表 2-4　評価項目（大項目・中項目）

No.	大項目	中項目
1	基本情報	1-1　会社概要（会社情報，業績推移，圃場展開，設備展開，財務情報） 1-2　事業詳細（事業詳細，事業構造）
2	事業形態と地域特性	2-1　事業形態（営農形態，法的根拠，事業構成） 2-2　地域特性（自然との適合，地域との信頼醸成）
3	事業基盤	3-1　事業運営（事業歴，事業拠点，事業構造） 3-2　主要な設備（圃場や設備の状態，環境状態） 3-3　その他の経営資源（技術の有効活用，人的資産，知的財産）
4	マネジメント	4-1　経営体制（経営理念，将来ビジョン，経営戦略，後継者，人材育成） 4-2　経営管理（組織体制，内部統制），ガバナンス，財務バランスとの関係
5	事業体制	5-1　工程管理（生産技術などの技術水準のレベルを評価） 5-2　高付加価値への取組み（先端性，安全性・環境保全，サプライチェーン連携）
6	環境分析	6-1　地域環境（地域社会への貢献，自然環境の現状） 6-2　経営環境（業界動向，需要動向，参入障壁，事業継続，金融機関との関係） 6-3　競合環境（協力者，支援者，取引先，競合者）
7	リスク分析	7-1　リスク管理（BCP 対応，資源枯渇，市場変動，保険概要） 7-2　リスク耐性（担い手減少，制度改廃への対応力）

出典：筆者作成

的な事業価値」との関連を明らかにしていく。農業法人の経営の多様性を考慮し，事業規模や情報開示の状況に応じた評価項目を適用することを考え，表2-4のとおり，定性評価項目として7の大項目と16の中項目を設定した。これらの項目は，農業を理解する上で必要不可欠なチェックポイントである。

1)　基本情報

　基本情報の整理は，事業の見える化を促すためのものであり，個別評価項目としての評価の対象ではない。基本情報は，会社概要と事業詳細とに分けられる。会社概要は法人登記の内容と財務報告書で網羅できる事業プロフィールであり，事業全体を知る最小かつ重要な情報である。事業詳細は当該事業の具体的な概要と，定量的に把握できる事業情報から構成されているが，会社の公開情報と財務情報によって全体が把握できる。開示された情報

を整理して判断のテーブルとして活用するためには，事業展開を具体的に地図上に示し，事業フロー図で工程全体を明らかにする必要がある。資産価値としての情報は資産査定と財務情報による定量評価で充足するが，それだけでは将来収益の想定には至らない。定量評価に定性評価（PL 改善のための課題整理と最適化）を加えることで，経営者の創意工夫や努力が将来の超過収益力の獲得として明確になる。基本情報の整理は農業法人を理解する最初のステップである。

　例えば，耕種農業は農地集約の程度に大きな影響を受けるが，環境制御型の農業や畜産農業では設備状態に大きく左右される。こうした事業形態や地域ごとの状況は「事業の妥当性」として注目される。次に，圃場・設備の状態などの事業基盤とマネジメントの役割を「事業の有効性」として理解する。事業体制の分析では，工程管理を俯瞰して生産性を高めるための努力や先端性，安全性，衛生管理や品質管理，流通システムと一体の商品管理など，高付加価値化への努力を「事業の効率性」の観点で確認する。最後に，「事業の持続可能性」では，農業法人が地域社会へ及ぼす波及効果や販売市場との関係，それをめぐる競合関係などの環境分析を行い，事業者単独ではリスクコントロールできない範囲を含めたレジリエンスの面からリスク耐性を把握する。持続可能性（ESG 関連要素）のような中期的企業価値の向上を目指した取り組みは，複数の項目に重ねて記載される。殊に，営農類型・地域類型・事業規模等により様々な形態と特徴を持つ農業は，事業規模や情報開示の状況に応じた評価手法の選択が必要になるため，新たに考察すべき課題も多い。

　「1-1　会社概要」
　財務情報（定量情報）を収集し整理することは，定性情報の安定をもたらし，評価の際に確かな根拠となる。事業概要に含めるべき項目には，業務内容，事業資産，売上構成，業績推移などが挙げられる。会社概要は，事業全体の要約を提供し，事業の基本的な概要を把握する上で重要である。また，

財務情報をこの段階で整理することで，後の評価プロセスで重要な役割を果たすことができる。

「1-2　事業詳細」

事業詳細では，事業類型の把握や事業情報を押さえる。事業詳細に記載すべき情報は，原則として開示された情報に基づき，未開示の事項は税務申告書や事業者からのヒアリングによって収集する。従業員数や財務情報，売上計画，商品構成，営農管理，仕入先，販売先，委託先など，詳細かつ網羅的な収集が求められる。情報量に応じて重要性の観点から優先順位を決定し，事業の具体的な運営や戦略に必要な情報を集約する。この段階で十分な情報を収集し，事業の全体像を把握することが重要である。

2)　事業形態と地域特性

企業価値評価の目的は，現状での事業継続を前提とする場合とM&A（企業の合併・買収）を目的とする場合で着目点が異なることがある。農業では事業継続と新規参入でレギュレーションが異なるため，「事業の妥当性」は評価の目的によって事業の継続性を左右する項目として考慮される。しかし，いずれの場合でも事業の妥当性を問うことは，当該事業が持続可能であるかどうかを評価することを意味する。これには，農業の形態や地域のレギュレーションに準拠しているかどうか，また事業環境の変化にどの程度適応できるかが含まれる（表2-5）。事業の妥当性を正しく評価することは，投融資やM&Aを検討する際には不可欠である。

「2-1　事業形態」

事業形態を明確に把握することは，事業全体の俯瞰を可能にし，取引関係図などを通じて視覚化することが重要である。特に，事業構成をバリューチェーン全体で把握することは，調達段階から出荷までの流れを網羅し，現在の営農形態が地域の標準的なものであるかどうかを判断するために必要で

第 2 章　企業価値評価の方法と農業への応用　　57

表 2-5　事業形態と地域特性に関する評価項目および評価ポイント

大分類	中分類	評価項目	評価ポイント
事業形態と地域特性	2-1 事業形態	営農形態	主義が明確であるか（新しい試みの場合には適合性を意識しているか）
		法的根拠	事業根拠となる法的な背景・機関設計は万全か
		事業構成	バリューチェーンの俯瞰，ビジネスの基本構造の明瞭性
	2-2 地域特性	農業地域類型	地域における農地利用方法との適合性
		（耕）農業移行状況 （畜）畜産農業移行状況	（耕）地域おける農業政策の方針との適合性 （畜）地域おける畜産政策の方針との適合性
		市場指向状況	地域の市場指向の状況
		水資源利用状況	水資源の供給，資源確保の困難性や持続可能性
		（耕）農地利用集積度 （畜）農場利用集積度	（耕）農業生産に利用される度合いに着目し，当該地域の標準的な農地 （畜）利用方法と比較する

出典：筆者作成

ある。また，事業再生や M&A（企業の合併・買収）を考える場合には，現在の事業が承継可能であるかどうか，新たな展開が可能かどうかを事業の根拠や会社設計の観点から確認する。

　承継後に資産活用に制約が生じる場合には，事業再生や M&A の目的が達成されない可能性があるため，事業の妥当性の検討は欠かせない。事業のあり方を形式的にチェックするのではなく，機関設計と実態運営の差異に着目し，経営者としてのガバナンスをテストすることが求められる。

「2-2　地域特性」

　農業は，耕種農業や畜産農業などの形態に関わらず，自然や社会的条件によって大きく影響を受ける。環境制御が可能な施設園芸でさえ，この影響を免れない。地域特性は，地域ごとのブランド力やその構成要素，品種適応性や栽培技術との関係，経営規模，販売先，労働力などの要素を含む。ここで重要なのは，地域の平均値との単純な比較ではなく，地域におけるベンチ

マークを意識することである。ベンチマークとは，周辺地域のベストプラクティス（優良事例）や，期待されるイノベーションによる高収益の見込み（未実現の成果）を指す。地域特性からかけ離れた個別の取り組みは，経営の持続性に悪影響を及ぼす可能性があるため，慎重な見極めが必要である。これは農業に限らず，観光業をはじめほとんどの商工業にも当てはまる。一方で農業の場合には特に，水資源利用が持続的であるかどうかや，農地・農場の利用度や集積度から見た地域との整合性も，事業の方向性を考えるうえで重要な視点となる。

3) 事業基盤

明示的な事業基盤である主要設備の状況と，明示的ではない資源を含めた経営資源全般の分析が必要である（表2-6）。主要設備の状況を把握することは，事業の持続性や効率性を評価するうえで不可欠であり，また，明示的ではない資源として，人的資源やネットワーク，無形資産なども考慮する。これらの資源は，事業の成長や競争力に大きく影響を与える要素である。

「3-1 事業運営」

農業法人の事業歴は，過去から未来をつなぐ事業ヒストリーであり，持続可能性と将来展望に対するヒントが隠されている場合が多い。この項目には，過去の事業成績や経営方針，取り組んできた課題やその対応，また将来の展望や成長戦略などが含まれる。過去の経験から学び，将来に向けての戦略を練るために，事業拠点情報や事業構造とあわせて，事業運営の全体像を明らかにする必要がある。

「3-2 主要な設備」

農地情報を把握して地図上にプロットするなど，全体像を俯瞰しながら理解することが求められる。耕種農業では効果的な農場運用のために農地の集約化は重要な経営課題だからである。また，施設園芸や畜産経営では，設備

第2章 企業価値評価の方法と農業への応用 59

表2-6 事業基盤に関する評価項目および評価ポイント

大分類	中分類	評価項目	評価ポイント
事業基盤	3-1 事業運営	事業歴（社歴）	事業歴には企業ドメインとして，持続可能性と将来展望のヒントが見られる
		事業拠点	事業拠点や事業展開を俯瞰して，運営の効率性などを確認
		事業構造	バリューチェーンを俯瞰し，農業のビジネスとしての基本構造を理解する
	3-2 主要な設備	（耕）土壌（圃場） （畜）農場（畜舎等）	圃場展開，権利態様，管理状態，地域水準との格差（土地生産性，設備生産性，飼養頭数規模生産性）など品等の確認
		（耕）関連設備 （畜）畜舎関連設備	設備展開や設備稼働状態を確認
		（耕）農業用機械 （畜）飼育環境管理設備	設備の充足，装備計画による生産性向上の可能性
		（耕）選果場・加工場等 （畜）畜産用機械	生産設備が生産向上に寄与し，省エネ型，再可能エネの活用を意識しているか
		作業場・貯蔵運搬設備等	バックアップ設備が生産向上に寄与し，省エネ型，再可能エネの活用を意識しているか
		（耕）環境対応設備 （畜）衛生環境対応設備	節水技術（スマート農業の利用），資源循環（廃棄物の逓減）などの展開
	3-3 その他の経営資源	設備以外の経営資源	主として人的投資に関する事項に着目
		技術の有効活用	R&D投資，異業種連携など経営体制の強靭化，今後の収益獲得手段としての先見性
		人的資産	人的資産と人材投資が会社経営においてどのように位置づけられているか
		知的財産	知財と知財投資が会社経営においてどのように位置づけられているか

出典：筆者作成

状態が事業運営に大きく影響する。そこでは個々の農業用設備の先進性よりも，全体の適合状態を把握することが重要である。さらには，各種支援施設や六次化施設なども事業多角化の観点から対象となる。設備の機能性や経済性，安全性，修繕状況，償却状況などを確認し，施設レイアウトや作業動線も確認する必要がある。事業規模に見合わない過大な設備，あるいは過少な

設備についての運用方法については検討する必要がある。なによりも適正規模であることが，事業の効率的な作業環境を整え，事業の持続的な成長につながるのである。

「3-3　その他の経営資源」

設備以外の経営資源，人的資産，知的財産は事業リスク耐性に大きな影響を与える。新技術の導入や取り組みの際には，費用対効果の視点だけでなく，社員の勤務年数や技術的なスキル，保有資格者の比率なども指標として重要である。何か新しい取り組みだけが優れた効果を発揮しているよりも，全体としての適合性を考慮しながら，経営資源の最適な活用が図られていることが重要である。一方で放置された特許や最新の機械設備は，事業目的に合致していなければ急速に陳腐化が進むので注意が必要である。

4)　マネジメント

経営者がどのような経営手腕を発揮しているのかは「マネジメントの有効性」の観点から評価される。マネジメントの有効性は，経営者や経営チームによって事業が円滑に運営され，目標達成に向けて効果的な戦略を展開しているかどうかに示されている。したがって，ここでは組織内の意思疎通や効率的な意思決定プロセス，リーダーシップの発揮，リスク管理，問題解決能力，さらには従業員のモチベーションや育成などを評価する（表2-7）。

「4-1　経営体制」

経営体制を評価する際には，経営理念や将来ビジョン，経営戦略などの観点が重要である。これらの要素は，経営者が事業をどのように位置づけ，どの方向に進めていくかを示している。具体的な事業計画だけでなく，持続可能な経営への取り組みも検証の対象になる。また，達成度よりも経営意図が明確で共感を得られるものであるかが重要である。

創業者のカリスマによって支えられている経営は，逆境を乗り越える熱意

第2章　企業価値評価の方法と農業への応用　　　61

表2-7　マネジメントに関する評価項目および評価ポイント

大分類	中分類	評価項目	評価ポイント
マネジメント	4-1 経営体制	経営理念	経営方針の明確化，企業倫理（法令順守）の表明と行動
		将来ビジョン	目標設定，役職員の誇りとモチベーション
		経営戦略	中長期計画の策定と実行，投資計画の策定と実行，（検証作業を含む）
		経営意欲	経営者の誇り，モチベーション（表明と検証）
		後継者	後継者の存在，次世代への円滑な承継，具体的時期や計画
		人材育成	役職員のスキルアップ，その実施方法と展望
	4-2 経営管理	組織体制	会社組織の構造と運営状況，ステークホルダーとの対話・参画と情報開示，
		内部統制	企業倫理，コンプライアンス，従業者への配慮など，ガバナンスコードとの関連
		事業計画	管理会計実行，投資修繕計画，補助金依存度合い
		経営計画	中長期計画の策定，経営方針の明確化と理解
		ESG・SDGs	目標設定とモニタリングの実施，目標に関する取引先に対するESG情報の開示

出典：筆者作成

が存在する一方で，属人的要素がそのまま経営リスクに直結する。そのため，組織的な企業経営には，手順を踏んだ確かな意思決定のプロセスが重要である。経営体制を明らかにするためには，経営者へのヒアリングに加えて，現場視察の際に実務担当者などからの本音を聞き出す側面調査が必要である。経営者のビジョンや戦略が組織全体に共有され，後継者の養成や人材育成の形で実践されているかどうか，経営者以外からの側面情報を収集しながら実態を見極めることが，経営手腕を正しく評価するうえで必要になる。

「4-2　経営管理」

　経営管理を評価するには，組織体制や内部統制などの実際の事業運営を理解したい。優れたマネジメントがあれば，財務バランスに均衡が見られると

評されるが，経営者からのヒアリングを通じて，経営者の理念と実際の運営との間にどのような差異があるかを分析し，経営者以外の社内人材（キーマン）の存在を確認したい。企業の規模によって業務実施体制は異なるが，組織図による基本構造や人事配置，社員の定着率なども重要な要素である。外形上の規定が整っていても，役職員の意識にまで浸透しているか，特に事業拡大の局面では，経営管理が追いついておらず，経営リスクが増加している懸念がある。

採算管理も重要であるが，具体的なコスト抑制策などの全体感にバランス感覚があるかも含めて，経営者の手腕が企業の健全性や持続可能性にどのように影響するかを正確に評価するためにも，これらの要素を総合的に評価したい。

5) 事業体制

投資家にとって，最新の農業技術や高付加価値への取り組みを正確に評価することは難しい。特に，投資採算性を限られた期間で測定するのは非常に困難である。そこで，実際の業務内容や工程管理の分析を詳細に行うことで，事業の「効率性」を評価する。特に，高付加価値への取り組みは，単に先端技術への意欲だけでなく，収益性の観点から評価するべきである（表2-8）。

「5-1 工程管理」

土壌から設備設計，そして種苗の調達から出荷まで，農業のプロセスは複数の工程にわたる。農業の類型や経営の規模ごとに異なるプロセスを，あらかじめ細分化しておいた工程ごとの技術水準を評価することが重要である。定量的な成果の裏付けになる，定性的な要素としての事業体制の要素を考慮しなければならない。例えば，土地生産性や労働生産性，資本生産性など，多面的な要素を検討することが求められる。可能であれば，標準的経営との比較によって客観性のある評価を行いたい。技術的な視点からは，施肥量や投薬量，エネルギー投入量，廃棄物の排出量などを含む，一般的な事業経費

第 2 章　企業価値評価の方法と農業への応用　　63

表 2-8　事業体制に関する評価項目および評価ポイント

大分類	中分類	評価項目	評価ポイント
事業体制	5-1 工程管理	(耕) 土壌 (圃場・設備活用) (畜) 畜舎 (飼育方式と設備管理)	土壌に関する項目 (施肥・投薬・残留農薬使用，土壌診断の実施の有無など) 設備に関する事項 (飼料給与・栄養管理・健康管理・環境制御などの有無)
		(耕) 肥料・水・エネルギーの調達 (畜) 飼料・水・エネルギーの調達	水利用，エネルギー管理のマネジメント，持続可能性検証，景観保全など美化活動
		(耕) 種苗調達 (畜) 繁殖・導入	(耕) 種苗調達において生産性向上に影響を与える課題の特定 (畜) 繁殖・導入において生産性向上に影響を与える課題の特定
		(耕) 栽培管理 (畜) 飼育管理 (技術・環境)	(耕) 栽培管理において生産性向上に影響を与える課題の特定 (畜) 飼養管理において生産性向上に影響を与える課題の特定
		(耕) 収穫技術 (畜) 出荷 (搾乳) 技術	(耕) 収穫技術において生産性向上に影響を与える課題の特定 (畜) 出荷 (搾乳) 技術において生産性向上に影響を与える課題の特定
		廃棄物・衛生管理	食物残渣や未利用材の利活用，食物残渣の削減，廃プラ等の環境対策の具体策
		家畜排せつ物	適切な処理や臭気対策を含む環境対応
		出荷・流通	生産効率に寄与する出荷・流通の課題特定と対応策
		加工	生産効率に寄与する加工技術の課題特定と対応策
		保蔵・乾燥	生産効率に寄与する保蔵・乾燥の課題特定と対応策
		販売管理	顧客への誠実さ，衛生管理や品質管理などビジネスモデルの持続性を確認
	5-2 高付加価値への取り組み	先端技術への取組み	生産性向上技術，品種改良や栽培技術向上による安定生産の取り組み
		安全性・環境保全	作業の安全性向上，環境負荷低減，有機農業への取り組みなどによる価値向上
		サプライチェーン連携	六次産業化，農商工連携や地産地消，環境負荷低減などサプライチェーン連携

出典：筆者作成

との比較を通じて評価する。

「5-2　高付加価値への取り組み」

　事業の先端性に関しては，専門家の見解を重視し，全体的な適合性について議論する必要がある。高付加価値への取り組みは，先端技術への意欲だけでなく，費用対効果の関係（投資収益性）が重視されるのは言うまでもない。

6)　環境分析

　国内外・エリア特性からみた資源環境，農業者を取り巻く経営環境，行政を含めた協力関係，市場や同業者との競合環境を分析し，「持続可能性」の観点から評価する（表2-9）。

「6-1　地域環境」

　地域環境の分析では，農業が地域社会に与える影響や地域資源の活用状況を評価する。地域社会への貢献度や地域資源の利用状況，また，地域住民との関係性などが重視される。他の農業者や地域の近隣関係も考慮したうえで，地域と事業者の相互関係を明らかにする。例示すべき項目には，地域特性との適合や地域社会への波及効果などが含まれる。

「6-2　経営環境」

　農業における経営環境の分析では，市場需要の動向，業界全体の趨勢，新規参入障壁の評価が重要な要素となる。特に，新規参入を阻む要因として，法律や規制といった農業特有のレギュレーションが挙げられる。一方で，同一地域内では既存農業者間の競争環境や優劣が相互に認識されている場合が多く，この特性が地域農業における競争力形成や新規参入の可能性に影響を及ぼす。

第2章　企業価値評価の方法と農業への応用　　　65

表2-9　環境分析に関する評価項目および評価ポイント

大分類	中分類	評価項目	評価ポイント
環境分析	6-1 地域環境	地域特性との適合	地域社会への貢献，地域の自然資源の現状並びに地域社会への波及効果
		地域社会・コミュニティ	地域社会・コミュニティへの貢献・波及効果への期待
	6-2 経営環境	業界動向	業界動向分析と対処方法，持続可能性の視点を含んだ取り組み方針を含む
		需要動向	需要動向予測に関する分析方法と見解，持続可能性の視点を含んだ取組程度
		参入障壁	特に参入時に表出する農業特有のレギュレーションへの理解
		市場環境	対象事業者と，地域の標準的経営，ベンチマークそれぞれの差異分析と見解
		事業継続性	対象事業者と，地域の標準的経営，ベンチマークそれぞれの差異分析と見解
		金融機関との関係	投融資先との関係は安定かつ健全な資金供給を反映している
		支援者・協力者の存在	支援者・協力者，サポートの対象は取引先だけではない
	6-3 競合環境	主要商品の評価	主要商品の優位性（検証可能な客観的指標や市場分析結果が望ましい）
		市場位置	ターゲット市場における地位類型と，自社ポジションの認識
		販売力	正しい顧客（市場）理解と適切なタイミングと要因分析
		競争力	競合他社との比較（客観的な分析方法による比較）
		ビジネスモデルの有効性	Who,What,How,Why などの問いかけと，持続可能性の観点からの検証

出典・筆者作成

「6-3　競合環境」

　競合環境の分析では，主要商品の優位度・市場地位等の指標から，強み・弱みを洗い出し，市場をめぐる利害関係者との協力関係・競合関係を考慮し，ビジネスモデルの有効性を評価する。また，対象事業と標準的な事業者，ベ

66

ンチマークとなる事業者との差異分析を中心に，差異の要因となるものや自社の優位性がどこにあるのかを分析する。

7）　リスク分析

事業者単独ではコントロール不可能な災害リスクや市場変動などへの備え，それぞれのリスクに直面した場合の短期・長期の対応力を「持続可能性」として評価する（表2-10）。

「7-1　リスク管理」

リスク管理の評価では，様々な災害や市場変動などのリスクに対する事業者の対応力が重視される。ハザードマップや天候・気候変動の情報をもとに，リスクの発生可能性を想定する。ただし，リスクの発生確率よりも，事業者が構築したBCP（事業継続計画）の実行可能性や対応力が重要である。具体的には，緊急時の連絡体制，代替手段の確保，リスク分散のための保険の加入状況などを評価する。また，災害時や市場変動時の迅速な対応が可能か，事前のシミュレーションや訓練が実施されているかも重要な評価ポイントとなる。これらの対策が適切に講じられているかを確認することで，事業の持続可能性を高めるためのリスク管理の有効性を判断する。また，共済などによる損害補填や借入金の返済リスクに対する手段があるか，その有効性や補償条件が事業継続の観点から検証される。事業者がリスクを認識し，外部に説明する能力も重視される。

「7-2　リスク耐性」

リスク耐性の評価では，個社の経営では万全な対応は望めない不確実な事象に対する対応策や，リスク回避策の有効性が評価される。安定した販売先の確保や高付加価値商品の開発など，市場価格の変動に左右されないような施策が求められる。また，リスクへの対応力や許容範囲を把握し，事業のレジリエンスを発揮しつつリスクを適切に管理する能力も重視される。具体的

第2章　企業価値評価の方法と農業への応用　　67

表 2-10　リスク分析に関する評価項目および評価ポイント

大分類	中分類	評価項目	評価ポイント
リスク分析	7-1 リスク管理	自然災害・事故（BCP対応）	災害リスクの特定・評価，計画整備，安全確保
		気候変動	気候変化対応，温室効果ガス削減，気候耐性強化
		資源枯渇	資源可用性分析，再生可能資源活用，代替技術開発
		市場価格変動	価格変動対応，ヘッジ戦略，リスク分散管理の実施
		コスト変動	コスト最適化，削減施策，持続的管理の整備
		共済・保険制度	保険活用，災害カバー，定期的な条件見直し
		その他付保の内容	リスク補償保険，海外補償，事業適合性の確認
	7-2 リスク耐性	担い手・就業者の減少	労働力戦略，離職防止施策，働き方改善
		現行制度等の改廃による影響	制度適応，規制対応，改廃シナリオの整備
		各種リスクに対する対応力	早期警戒，内部管理，危機対応教育が実施

出典：筆者作成

な効果だけでなく，リスク対策の有効性や事業への影響についての理解，そしてこれを外部に説明する能力が評価される。

8）　ESG 関連要素

　企業価値は，事業規模の大小を問わず，持続可能な企業運営が最重要な要素であり，当該企業だけでなく多様な利害関係者に還元される価値を指す。特に農業分野においては，ESG（Environment, Social, Governance）の観点が企業価値向上において重要な役割を果たしている。本項では「農林水産業・食品産業に関する ESG 地域金融実践ガイダンス」（令和4年3月農林水産省）を参考に，ESG 関連の主要な事項を表 2-11 に整理した。まず，中長期的に企業価値に大きな影響を与える事項や重要事象として，投資判断に有用な情報の開示が挙げられる。これには，重要課題の特定や企業戦略への反映が含まれる。また，農業におけるサプライチェーン全体の持続可能性リスクも重要であり，特に酪農・畜産業においては，GHG（温室効果ガス）排出量，

表 2-11　ESG 関連の評価項目（評価ポイント）

		要素	検討項目
E	1	気候変動への対応	設備や使用資材・原材料の脱炭素／減炭素化，GHG 排出量の計測・開示，CO_2 の吸収，気候変動下での安定供給
	2	水利用のマネジメント	地域の水管理体制との関係性，水の使用量削減と汚染防止
	3	エネルギーのマネジメント	エネルギー利用の抑制・適正化，再生可能エネルギー利用の推進，再生可能エネルギー供給への貢献
	4	廃棄物	家畜排せつ物の処理，作物残渣や未利用材の利活用，食品残渣の削減，プラスチック対策
	5	生物多様性	生産場所造成・改修や利用法変更時の周辺生態系への配慮，外来種・化学物質による生態系への影響
	6	土壌保全	サーキュラエコノミー（循環型の経済システム）の実現（資材調達・脱炭素生産技術・地域内流通）に関連
	7	耕畜連携	地域環境問題は最重要課題の一つ
S	1	地域社会・コミュニティへの貢献	地域経済の活性化，農林水産業・食品産業の成長産業化，農山漁村・中山間地域の活性化や多面的機能の維持，地域社会を支える畜産経営の確立，生産現場における人手不足や生産性向上等の課題への対応，健全な食生活と環境や食文化を意識した社会の実現
	2	景観保全	耕作放棄地の解消は積極的に経済観点を踏まえた取り組み実例がある。利活用の線引きについて財務パフォーマンスの観点から検討
	3	地域における農業の在り方	環境（E）や社会（S）の他の項目との重複を避ける工夫が必要
	4	従業員への配慮	労働条件の改善，労働安全の確保，教育研修，従業員の健康や経営参画についての明示的な取り組み
	5	ダイバーシティの取組	女性・シニアの活躍，障害者の活躍，外国人材との協業，多様な働き方やスキル活用の促進
	6	顧客への誠実さ	顧客への情報開示やコミュニケーション，科学的根拠に基づく衛生管理による安全な食品の生産，健康に配慮した栄養価の高い食品の供給
	7	サプライチェーンにおける連携	取引先に対する ESG 情報の開示，ESG 取り組み向上のための事業者間連携
G	1	企業倫理・コンプライアンス	関連法令の遵守，アニマルウェルフェアに配慮した家畜の飼養管理，情報開示とステークホルダーとの協働，腐敗防止と企業行動，企業規模に応じたリスクマネジメントの多様性など
	2	リスクマネジメント	自然災害への対応，リスクマネジメント体制の構築，価格や収量変動への対応策

出典：「農林水産業・食品産業に関する ESG 地域金融実践ガイダンス」（令和 4 年 3 月農林水産省）を参考に筆者作成

飼料調達，動物の健康管理や福祉，廃棄物による環境負荷など，多岐にわたる課題が存在する。さらに，営業展開や海外輸出，資金調達，ESG 対応によるコスト負担も企業価値に影響を与える要素である。実務においては，ESG 対応は投資余力の有無や川下業界からの強い要請に左右されるケースが多い。このため，一部の業界や企業では，新たな取り組みを行わざるを得ず，ESG をテーマとした競争が加速している現状が指摘されている。

　このような背景を踏まえ，ESG の観点から農業法人を俯瞰し，将来の成長可能性や超過収益力の源泉を推定することが求められる。具体的には，財務パフォーマンスに大きな影響を及ぼす可能性の高い項目を洗い出し，それらが企業経営におけるリスク要因として適切に認識され，対応の準備が整っているかを評価する必要がある。この評価を通じて，企業の ESG 対応能力や意思決定の質を明確にし，持続可能な成長の実現に向けた戦略を構築することが重要である。

（3）定性評価を行うにあたって留意すべき事項

1）　協力体制をつくること

　農業のすべてを網羅する「万能な専門家」は存在しない。大学や研究機関で長年研究を重ねた専門家や，営農指導のベテランであっても，それぞれの専門領域や経験に基づく深い知識を持っているが，すべての分野を網羅したオールラウンドな専門家ではない。例えば，作物栽培に関する豊富な知識を持つ専門家であっても，工程管理に関する考察や高付加価値化への取り組みには，その分野の関連技術に精通した専門家の意見が必要になる。同様に，税務や財務，労務管理などの分野では，その分野の専門家に依頼することが不可欠であり，これらの専門家に技術的な課題や販売戦略の解決を期待するのは適切ではない。農業は生産技術にとどまらず，経営，流通，マーケティング，環境対応，さらにはデジタル技術の活用など，多岐にわたる分野の知識と技術が求められる分野である。このため，それぞれの分野に精通した専門家との連携が重要である。

さらに，こうした協力体制を構築する際には，専門家間の知識や経験を有機的に統合することがポイントとなる。異なる分野の専門家が持つ知識やスキルを連携させることで，個別の専門領域の課題解決にとどまらず，農業全体の生産性向上や新たな価値創造を実現することが可能になる。このような協力体制は，現代の農業経営における持続可能性を確保するための重要な基盤となる。

2)　ベンチマークを設定すること

経営におけるベンチマーク（benchmark）とは，同業の競合他社や他業界の優良企業を指標として，自社との比較・分析を行い，自社の問題点や改善余地を明らかにするものである。このプロセスにおいて，目指すべきベストプラクティス（優良事例）を設定し，それを具体的な指標として自ら設定することが重要なポイントとなる。ベンチマークの活用は，単なる模倣にとどまらず，他社や他業界の成功事例を深く学び，それを自社の状況や課題に適応させることを目的としている。具体的には，経営効率，コスト構造，顧客満足度，イノベーション能力などの要素を他社と比較することで，自社の強みと弱みを明確化し，経営改善の方向性を導き出す。

さらに，ベンチマークを効果的に活用するためには，単に外部の優良事例に目を向けるだけでなく，内部の現状分析や課題の特定を行い，ベンチマークで得た情報を自社の経営戦略に組み込むことが求められる。こうした継続的な取り組みにより，競争優位性を高め，長期的な成長につなげることが可能となる。

3)　耕種農業と畜産農業を分けて考えること

本章では，耕種農業と畜産農業を定性的に捉えるために共通化を図ってきた。事業の妥当性の観点から事業形態と地域特性に注目し，事業の有効性の観点から主要な設備の装備状態と新しい技術展開の可能性を分析した。経営手腕ではマネジメントの有効性の観点から評価を行い，事業体制では効率性

第2章　企業価値評価の方法と農業への応用　　　71

の観点から工程管理をプロセスごとに検証してきた。耕種農業と畜産農業の事業再生や事業承継時に課題となるのは，地域環境との適合や事業継続能力の有無であるが，過剰になりがちな設備投資に対する所見のほかに，環境対応設備の状況や先進技術の導入など，投資採算性の観点から地域・経営・競合の環境をそれぞれ分析している。

　一方で，耕種農業と畜産農業は，それぞれ異なる特徴と課題を持つ農業形態であり，これらを分けて考えることは事業の妥当性や有効性を適切に評価するうえで重要である。耕種農業は土地を基盤とした作物生産を中心に，天候や気候条件に左右される季節性や土地利用効率の重要性，多様な作物選択の可能性とそれに伴う価格変動や病害リスクへの脆弱性，さらに環境負荷の管理が大きな課題となる。一方，畜産農業は動物の飼育を中心とし，継続的な設備投資や設備管理の必要性，畜種や経営形態ごとに異なる収益性，さらには家畜糞尿の適切な処理や臭気対策を含む環境対応が求められる。このように，両者には地域環境との適合性や事業継続能力といった共通する課題がある一方で，土地利用や生産プロセス，環境対応の方法などにおいて大きな

表 2-12　耕種農業と畜産農業で注意すべき評価ポイント

地域特性（2-2）	畜産農業移行状況　※地域おける畜産政策の方針との適合性
	農場利用集積度　※当該地域の標準的な農場利用方法と比較
主要な設備（3-2）	農場（畜舎等）※生産性を重視した設備の品等の確認
工程管理（5-1）	畜舎　※飼育方式と設備管理など設備に関する事項（飼料給与・栄養管理・健康管理・環境制御などの有無）
	肥料・水・エネルギーの調達
	繁殖・導入
	飼養管理（技術・環境）
	出荷（搾乳）技術
	廃棄物・衛生管理，家畜排せつ物
	※⑤～⑨は生産性向上に影響を与えている課題の特定（設備のメンテナンス，交換リスクを含む）

出典：筆者作成

違いが存在する。したがって，耕種農業では土地利用効率や気象リスクへの対応を重視し，畜産農業では設備投資の採算性や廃棄物処理の効率性を評価の中心に据えるなど，それぞれの特性に応じた評価基準を必要とする。したがって，表2-12のとおり，地域特性，主要な設備，工程管理における各項目について評価ポイントを整理した。

6　企業価値評価の方法

　農業法人の事業の妥当性，有効性，効率性，そして持続可能性を理解することは，事業計画の検証，キャッシュ・フローの予測，期待収益率の想定において不可欠な要素である。さらに，事業の実現性と合法性を考慮しつつ，経営改善や支援策，投融資，事業承継の検討を行うために，企業価値評価手法の活用が求められる。日本公認会計士協会（2013）の「企業価値評価ガイドライン」では，評価目的に適合した評価アプローチが示されている。評価実務においては，提供される資料の検証，不確実性の高い将来予測への配慮，そして持続可能性の観点から中長期的な企業価値の向上を目指す取り組みが必要とされている。このような背景を踏まえ，既に構築された事業分析手法を基に，農業法人の企業価値評価に必要な評価概念と代表的な評価手法について解説する。本節では，評価目的に応じた適切な評価アプローチの選択方法を示し，評価実務における留意点や前提条件を整理する。また，様々な形態と特徴を持つ農業法人の企業価値評価手法についても検討を行う。検討プロセスとしては，① 評価概念と企業価値評価の基本的な考え方を示し評価の道筋を示し，② 評価実務における用語および定義を整理する。そして最後に，③ 農業法人の事業性を定義するとともに，事業性の検討指標を検討する。

(1) 企業価値評価の基本的な考え方と適切な評価アプローチ

1) 企業価値の基本的な考え方

価格とは，売り手と買い手の間で決定される取引上の値段を指す。それに対して価値は，創出される経済的便益を意味し，価格に比べて広義に捉えることができる。価格は取引当事者間で成立する具体的な数値として成立するのに対し，価値は評価の目的や当事者の立場，さらに売買による経営権の取得有無などの条件によって変動し，いわゆる「一物多価」（多面的な価値）として認識される場合がある。本節では，価格ではなく価値の評価に焦点を当て，その考え方を整理する。

図 2-6 は，企業価値に関する基本的な概念を示したものである。まず，事業価値とは，企業の事業活動がもたらす価値を指し，本業から創出される収益やキャッシュ・フローをもとに評価される。この事業価値は企業価値の中核を成す要素である。一方，企業価値は，事業価値に加えて非事業資産（例えば不動産や投資証券など）の価値を含む，企業全体の総合的な価値を示す指標である。さらに，株主価値は，企業価値から有利子負債などの他人資本

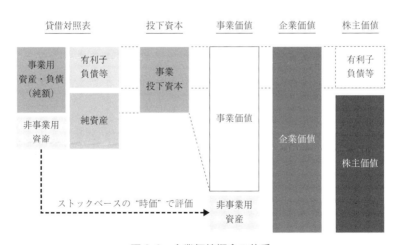

図 2-6　企業価値概念の体系

出典：笠原真人氏資料をもとに筆者作成

（借入金や発行済み社債）の価値を差し引いたものであり，純粋に株主に帰属する価値を指す。この概念は，投資家にとってのリターンを測る重要な指標であり，企業の財務戦略や経営効率を評価する際に欠かせない視点である。

企業価値の評価は，単なる市場価格とは異なり，企業が創出する経済的便益や潜在的な価値を包括的に考慮するものである。この違いを理解することで，企業価値評価における多面的な視点の重要性が明らかになる。

2) 企業の目的と価値の創出

企業は，事業への投資を通じて新たな経済的価値を創造し，企業価値を最大化することを目的とする社会的存在である。この価値創造を実現するためには，様々な利害関係者（ステークホルダー）との良好な関係を築くことが不可欠である。図2-7は，企業を取り巻く利害関係者との関係性を視覚的に示したものである。

企業が事業を遂行するためには，人材，物資，資金といった経営資源が必要であり，これらを確保するために，従業員に賃金を支払い，設備や原材料の調達にコストを費やす。また，資金調達には資本コストが発生する。資本コストは借入金の金利や株式リターン（投資収益率）を含み，企業の投資の

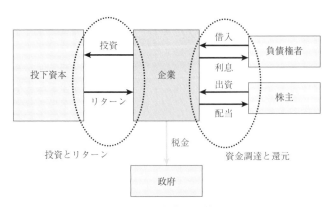

図2-7 企業の目的

出典：笠原真人氏資料をもとに筆者作成

安定性がその期待収益率に影響を与える。

　企業の売上から売上原価や販売管理費などのコストを差し引いたものが営業利益であり，これに税金を控除した後の税引後利益が投資家への還元の基盤となる。企業価値評価手法として広く用いられる DCF 法（Discounted Cash Flow 法）は，FCF を基礎に，安定性と長期性の観点から企業価値を算出する方法である。本研究でもこの基本的な考え方を採用している。投資家にとって，企業価値評価はグローバルに合意された基準に基づく重要な事項であり，FCF を資本コストで割り引いて企業価値を求める方法は，コーポレートファイナンスの理論に適合している。この評価手法を通じて，投資家が企業に資金を提供し，その回収過程を定量的に把握することが可能となる。一連のプロセスでは，投資額および回収額が貨幣額で明確に表現され，企業価値評価の透明性と正確性が担保される。

3）　価値の還元先とその多様性

　価値の還元先は多岐にわたる。決算報告書の観点から見ると，貸借対照表における貸方の「株式価値」と「負債価値」を合わせたものが企業全体の価値を示している。しかし，価値の還元先としての視点は利害関係者ごとに異なる。たとえば，取引相手や従業員にとっての価値は，取引条件の充実度や報酬として認識される。一方，株主にとっての価値は，配当や株価の上昇といった形で評価される。

　これらの視点の違いを整理し，価値還元の具体的な形態とその相手を明確にするために，表 2-13 では損益計算書上の項目に基づいて価値の還元構造を図解している。このような整理を行うことで，各利害関係者が享受する価値の全体像を明らかにし，企業価値創造のプロセスを包括的に理解することが可能となる。

(2)　事業価値の分析アプローチ

　事業価値の分析アプローチには様々なものがある。取引の目的や対象事業

表 2-13　損益計算書にみる価値還元とその相手

損益計算書	価値の還元先
売上高 売上原価 売上総利益	取引相手・従業員
販売費および一般管理費 営業利益	取引相手・従業員
営業外収益 営業外費用 経常利益	債権者
特別損失 税金等調整前当期純利益	
支払法人税 当期純利益	政府 株主

出典：筆者作成

の実態に照らして，適切なアプローチを選択・適用する必要がある。主要な
事業価値の分析アプローチは以下のとおりである。

1)　ネットアセット・アプローチ

　ネットアセット・アプローチ（Net Asset Approach）は，企業の純資産に
基づいて事業価値を評価する手法である。このアプローチは，企業の貸借対
照表上の純資産額を基礎として，事業の静態的な価値を評価する。すなわち，
特定の時点での貸借対照表を用いて企業の資産と負債を時価評価し，その差
額として純資産を算出する方法である。一般的に，この手法は比較的簡単に
理解できるため，幅広く用いられている。しかし，ネットアセット・アプ
ローチにはいくつかの制約が存在する。例えば，無形資産の評価不足が挙げ
られる。のれんやその他の無形資産の価値を考慮しない場合が多く，その場
合の評価結果は企業の継続的な事業価値を必ずしも正確に反映しているとは
限らない。また，事業の収益力や将来の成長性の反映が不足するため，静態
的な評価に留まることが多い。これらの制約を考慮すると，ネットアセッ

ト・アプローチは事業の清算価値を算定する場合や，資産を基礎とした評価を行う場合に適しているとされる。企業の動態的な価値や収益性を評価する場合には，他の手法との併用が望ましい。また，評価手法の実務的注意点としては，貸借対照表項目を時価で評価することが求められる。時価評価には一般的に再調達価額が用いられ，これにより資産の実質的な価値が反映される。また，貸借対照表に記載されていないオフバランス項目，たとえば退職給付引当金，役員退職慰労引当金，資産除去債務などがある場合，これらも考慮に入れる必要がある。これにより，より実態に即した事業価値の評価が可能となる。

事業価値に対応する事業投下資本は，次のように分析される。

$$事業投下資本＝正味運転資本＋事業用固定資産$$
$$＝有利子負債＋株主資本$$

正味運転資本：運転資本から短期負債を差し引いたものである。

事業用固定資産：企業が事業活動を遂行するために保有する長期的な資産（例：工場や設備）である。

有利子負債と株主資本：企業が資金を調達する手段を示し，その合計が事業投下資本となる。

2) インカム・アプローチ

インカム・アプローチ（エンタープライズ DCF 法（Enterprise Discounted Cash Flow method））は，農業法人が将来獲得することが期待される利益やキャッシュ・フローに基づいて評価するため，将来の収益獲得能力や固有の性質を評価結果に反映させる点で優れている。具体的には，対象事業の利益，配当，キャッシュ・フロー等に着目し，それを一定のリスク等に基づく還元率または割引率により還元または割引くことで事業価値を分析する。この方法は将来予測に基づく分析アプローチであり，対象事業のリスクとリターン

を価値に織り込むことができるため，対象事業の動態的価値を表すものとして，継続事業の価値を分析する場合には理論的な方法である。

エンタープライズDCF法において事業価値を求める場合，FCFを資本コスト（WACC）で現在価値に割り引くことにより事業価値を算出する（表2-16）。

事業価値＝Σ（フリーキャッシュ・フロー（FCF）の割引現在価値）
フリーキャッシュ・フロー（FCF)＝NOPAT±再投資額

しかし，インカム・アプローチには多くの利点がある一方で，いくつかの制約や課題が存在する。具体的には，将来予測の不確実性や割引率の設定の難しさ，キャッシュ・フローの算出に必要な初期データ（売上高，コスト構造，投資計画など）の信頼性の確保に注意が必要である。また，予測期間が長くなるほど不確実性が増し，結果として評価誤差が蓄積してしまうことから，適切な手法を選択したうえで，専門知識を組み合わせることが求められる。このような課題を克服することで，インカム・アプローチは農業法人の持続可能な発展に寄与する有力な評価手段となる。

FCFの構成要素は，利息控除前税引後営業利益（NOPAT）と再投資額（正味運転資本投資および純設備投資）である。割引現在価値を求めるためには，資本コストとしてWACCを用いることが一般的である。農業法人を評価する際には，農業に特有の補助金や税制に特に注意を払う必要がある。FCFの算定には通常5年程度の事業計画（損益計算書計画，減価償却計画，設備投資計画など）が必要であるが，農業法人の種類ごとの特性を考慮し，適切な期間設定を行うことが求められる。事業計画は，過年度実績との連続性や，同業他社との比較分析（利益率，投下資本利益率，役員報酬水準など）を踏まえる必要があり，過年度実績に対して利益率や投下資本利益率が高いまたは低い場合には，その要因について詳細な分析が必要である。

また，WACCの構成要素である株主資本コストの推定においては，通常，

第 2 章　企業価値評価の方法と農業への応用　　　79

表 2-16　DCF 法による評価例（WACC の計算例）

DCF　　　　　　　　　　　　　　　　　　　　　　　　　　　　　　（千円）

年数		① FCF	② 割引率	③ 係数	割引現在価値
20**年度（進行期）	1	12.0	6.0%	0.9434	11.3
20**年度（計画 1 年）	2	11.5	6.0%	0.8900	10.2
20**年度（計画 2 年）	3	11.0	6.0%	0.8396	9.2
20**年度（計画 3 年）	4	10.5	6.0%	0.7921	8.3
20**年度（計画 4 年）	5	10.0	6.0%	0.7473	7.5
20**年度（計画 5 年以降）永続	6	9.5	6.0%	0.7050	6.7
④ 計画期間の FCF 現在価値計（PV（①×③））					53.3
⑤ 継続価値（最終年度 FCF÷最終還元利回り）				6.0%	158.3
⑥ 継続価値 PV（⑤×③）					111.6
事業価値 ④＋⑥					**164.9**

⑦ Unlevered β	0.6	類似会社の β 値の分析による
⑧ D/E レシオ	0.5	類似会社の平均資本構成に基づく
⑨ 実効税率	33.6%	想定
⑩ Relevered β	0.8	⑦×（1＋⑧（1－実効税率））

⑪ リスクフリーレート	0.9%	直近 10 年国債利回り
⑫ エクイティリスクプレミアム	6.0%	
⑬ Relevered β	0.8	⑩
⑭ サイズプレミアム	3.0%	
⑮ 株主資本コスト（CAPM）	8.7%	⑪＋（⑫×⑬＋⑭）

⑮ 資本コスト	8.7%	65.0%	類似会社の β 値の分析による
⑯ 負債コスト（想定負債金利）	0.9%	35.0%	類似会社の β 値の分析による
⑰ WACC	6.0%		

《参考》
　　株主資本コスト：CPAM（Capital Asset Pricing Model）に基づく：
　　　＝　リスクフリーレート＋（エクイティリスクプレミアム×Relevered β＋サイズプレミアム）
　　Relevered β：Unlevered β を以下の式に基づき，Levered β へ変換
　　　＝　Unlevered β ×［1＋D／E レシオ（1　実効税率）］
　　WACC：加重平均資本コスト（Weighted Average Cost of Capital）：
　　　＝　株主資本コスト×株主資本比率＋負債コスト×（1－実効税率）×負債比率

注：本表は，DCF 法や WACC の基本的な算定方法を例示したものであり，算定そのものを目的としたもの
　　ではない。
出典：筆者作成

非上場企業については事業内容が類似する上場企業のベータ値（リスク）を参照することが多い。しかし，農業法人の場合，国内において類似する上場企業がほとんど存在しないため，海外の類似企業のデータを用いるなどの工夫が求められる。

3) マーケット・アプローチ（類似会社比準法）

マーケット・アプローチ（Market Approach）は，第三者間や市場で取引されている株式との相対的な評価アプローチであり，市場での取引環境の反映や一定の客観性に優れている。一方で，他の企業とは異なる成長ステージにある場合や，農業法人のように類似する上場会社がほとんど存在しない業種では評価が困難であり，評価対象となる会社固有の性質を反映するのが難しい。マーケット・アプローチのなかでも類似会社比準法および取引事例法は，対象事業と事業内容，事業規模等の観点から類似する複数の上場会社または取引事例を選定し，その市場株価ないしは取引価格と利益，キャッシュ・フロー等の比準項目との相関値を，対象事業の比準項目に対応させることにより事業価値を分析する手法である。この方法は，比較的少ないデータで事業価値を分析でき，計算も簡単であるが，対象事業と十分に類似した事業内容，事業規模等を有する上場会社や取引事例を見出せない場合には，分析結果の説得力に欠けるという側面がある。

類似会社比準法における事業価値は，以下のように分析される。

$$事業価値＝マルチプル×比準項目$$

マルチプルは，類似会社の株式時価総額に有利子負債を加えた投下資本時価総額を基礎として算出される。この投下資本時価総額を，類似会社の利払前税引前利益（EBIT）や利払前税引前償却前利益（EBITDA）などの指標で除することにより算出する。この計算式を用いることで，評価対象会社の事業価値を推定するための基準を得ることが可能である。

しかし，マーケット・アプローチにもいくつかの制約が存在する。インカム・アプローチの資本コスト推定で用いられるベータ値の推定と同様に，農業法人の場合は日本国内における上場類似会社がほとんど存在しないため，適切なマルチプルを求めるためには，海外の類似会社を参照するなどの工夫が必要となる。しかし，海外の類似会社を採用する際には，その地域特性や市場環境，事業構造の違いがマルチプルに与える影響を十分に考慮しなければならない。例えば，農業の規模や収益構造，政策的支援の有無などが異なる場合，これらを補正して適切な比較対象とすることが必要である。

(3)　農業法人の事業性に関する定義

　事業性評価（Business Feasibility Assessment）は，事業そのものが持つ収益性や持続可能性，将来的な成長可能性を評価するプロセスであり，事業の健全性や持続可能性の分析である。実務上から事業性を検討事項に加える場面は，投資判断，事業承継やM&A，事業再生，資産再評価，経営戦略策定，規制対応など，多岐にわたる。しかし，事業性に関する明確な定義は存在しない。これを当該事業の将来性や持続可能性と見なす場合，事業性は事業からもたらされる価値である事業価値に関連するものであると考えられる。本分析では，事業性を，事業に関連する投下資本である事業投下資本と，その事業投下資本からもたらされる価値である事業価値によって検討することとした。

1)　事業性の算定方法

　事業性の有無を判断する際には，事業価値（インカム・アプローチによって求める）と時価ベースの事業投下資本（ネットアセット・アプローチによって求める）を比較する。具体的には，事業価値が時価ベースの事業投下資本を上回る場合，当該事業には事業性があるとみなされる。この場合，事業価値と時価ベースの投下資本との差額はのれん相当額とされ，このれん相当額がプラスであれば事業性があると判断できる。

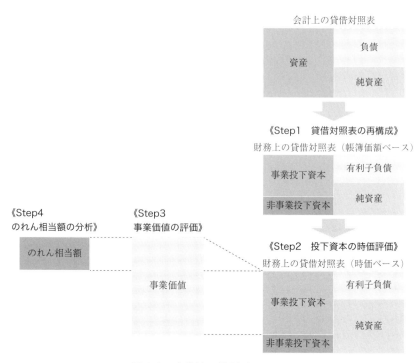

図2-8 事業性の検討プロセス

出典：笠原真人氏資料をもとに筆者作成

この検討プロセスは，以下の4つのステップで構成されており，図2-8にその概要を示す。

《Step1　貸借対照表の再構成》

事業価値を分析するためには，分析対象となる事業（以下「事業対象」という）を明確に定義する必要がある。本評価プロセスでは，分析基準日における対象会社の貸借対照表から，非事業投下資本，純有利子負債，その他の投下資本を控除したものを対象事業とする。具体的には，基準日における貸借対照表の各項目を，事業投下資本，非事業投下資本，有利子負債に分類する。事業投下資本は，正味運転資本（必要手許資金，売上債権，棚卸資産，

仕入債務など）と事業用固定資産（建物，土地，機械設備など）から構成される。

《Step2　投下資本の時価評価》

　ネットアセット・アプローチに基づき，投下資本（資産および負債）を時価評価する。原則として，すべての投下資本を再調達価額で時価評価する。所有する農地，建物，機械設備，家畜，樹体などの資産は，貸借対照表から把握できるが，「簿価＝時価」とは限らない。特に，減価償却が満了した資産の中には，中古農業用ハウスや畜舎，トラクターやフォークリフトなど，法定耐用年数を超えて使用可能なものがある。また，中古市場で取引可能な農業機械も存在し，これらの資産は合理的な方法で時価評価が可能である。一方，譲渡制限のある資産は流動性に劣るが，価値が全くないわけではない。このように，適切な方法で時価評価を行うことは，取引当事者にとっても納得性が高いといえる。

《Step3　事業価値の評価》

　インカム・アプローチまたはマーケット・アプローチによって事業価値を評価する。事業価値評価手法は，単なる「機械的な算定式」ではないので，企業価値に反映されるべき個々の企業の工夫（例えば，サステナブルな経営戦略の採用など）を適切に反映する必要がある。持続的な成長と中長期的な企業価値の向上を目指してどのような将来予測を行っているのか，不確実性への配慮や企業価値の向上を目指した新しい取り組みを理解したうえで，現状分析とそれに基づく合理的な将来予測により事業予測（プロジェクション）を行う。具体的には，対象会社より提供された損益計算書計画を基にその妥当性を検証し，キャッシュ・フローの想定を行う。事業評価は，インカム・アプローチの一つであるエンタープライズ DCF 法を前提とし，FCF に対するリスクとして，WACC を推定する。

《Step4　のれん相当額の分析》
事業価値と時価ベースの事業投下資本の差額としてのれん相当を分析する。

2）　事業性の検討指標としてのROICと事業価値

投下資本利益率（ROIC）とは，税引後営業利益（NOPAT）を事業投下資本で除したものである。この指標がWACCを上回る場合，事業価値が創造されていると考えられる。農業法人の場合，補助金等を考慮する前のNOPATがマイナスとなる可能性があるため，補助金等を考慮した後のNOPATを基にROICを分析する必要がある。したがって，補助金等の考慮後のNOPATに基づくROICが，事業投下資本に対する投資家の期待利回りであるWACCを上回る場合には，事業性があると判断でき，逆に下回る場合には事業性がないと判断される（図2-9）。

ROICを向上させるためには，NOPATマージン（企業の税引後営業利益

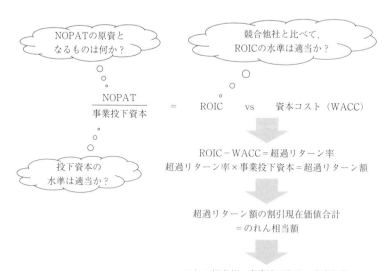

図2-9　投下資本利益率（ROIC）と資本コストWACCの関係
出典：笠原真人氏資料をもとに筆者作成

$$\text{ROIC} = \frac{\text{NOPAT}}{\text{事業投下資本}} = \frac{\text{NOPAT}}{\text{売上高}} \times \frac{\text{売上高}}{\text{事業投下資本}}$$

図 2-10　ROIC を高めるためのイメージ

出典：笠原真人氏資料をもとに筆者作成

を売上高で割った財務指標で，企業が本業からどれだけ効率的に利益を生み出しているかを示す）の改善と，事業投下資本回転率（企業が投下資本をどれだけ効率的に活用して売上を生み出しているかを示す財務指標）の向上が求められる（図2-10）。具体的には，コスト削減，生産性の向上，および価格戦略の見直しが考えられる。これにより，売上高に対する税引後営業利益の比率を高めることが可能となる。また，事業投下資本回転率（売上高÷事業投下資本）を高めるためには，資産の効率的な運用，運転資本の削減，および無駄のない資本投資が必要である。これにより，売上高に対する投下資本の効率を向上させることができる。

　資本コストを所与とした場合，ROIC が高いほど事業の収益性が高いと判断される。しかし，高い ROIC を達成するためには，ブランド力や技術力，効率的な販売ネットワーク，法規制による参入障壁，規模の経済といった要素をうまく活用することが重要である。強力なブランドは，高価格設定を可能にし，顧客が繰り返し商品を購入する意欲を高める効果がある。また，独自の技術や特許は高い利益率の維持に役立ち，効率的な販売ネットワークは売上の増加とコスト削減に貢献する。さらに，法規制による参入障壁が高ければ，市場での競争優位を維持しやすく，ビジネスの継続性も確保できる。大規模な生産や購買活動はコスト削減に寄与し，利益率の向上につながることが期待される。農業法人の定性評価を行う意義は，過年度の事業実績を踏まえつつ，将来の収益獲得に向けた実行可能なポテンシャルを持っているか，またそのポテンシャルを発揮するための環境が整っているかを分析する点にある。このような定性的な要素を総合的に考慮し，自社の強みを最大限に活用して ROIC の向上を目指すことが，農業法人の持続可能な成長と競争力の

3） 検証手段としてのメリット・デメリット

ROIC は，企業が事業投下資本をどれだけ効率的に活用して税引後の営業利益を生み出しているかを測定する指標である。この指標の改善を図るためには，経営層の意思決定のみならず，現場での継続的な取り組みが重要である。ROIC の構成要素をさらに細分化し，現場レベルで意識できる具体的な指標にまで落とし込むことができれば，日常的に経営数値を意識しないスタッフにも，ROIC 改善のための KPI（重要業績評価指標）を理解させ，「経営の見える化」を推進することが可能となる。一方で，ROIC は投下資本を活用して事業を拡大する企業に適した指標であり，すべての業界や企業のさまざまな成長段階において適用可能な万能の指標ではないことに注意したい。

図 2-11 に示される曲線は，資本利益率が一定となる組み合わせを表している。差別化戦略を採用する農業法人は，高い売上高利益率と低い資本回転

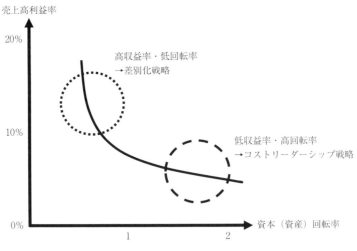

図 2-11　資本利益率の分析

出典：笠原真人氏資料をもとに筆者作成

率を持ち，他社が模倣できない独自の商品やサービスを高価格で提供する傾向にある。一方で，コストリーダーシップ戦略を採用する農業法人は，低い売上高利益率と高い資本回転率を特徴とし，低価格で大量に販売する戦略を実行する。このように，同一の資本利益率であっても，企業の経営戦略には多様な選択肢が存在する。この事例は，財務指標の数値の高低だけを議論することの限界を示唆している。

7　企業価値評価の方法と農業への応用のまとめ

　本章では，企業価値評価手法を農業分野に応用する枠組みを提案し，農業法人の持続可能な経営を支援する理論的および実践的なフレームワークを提供した。農業法人は，経済的価値だけでなく，社会的および環境的価値も考慮する必要がある特殊な事業形態を持つため，従来の企業価値評価手法に加え，ESG（Environment, Social, Governance）の視点からの評価が不可欠であることを示した。

　具体的には，農業法人の企業価値評価において，ネットアセット・アプローチやインカム・アプローチを用い，投下資本とそれが生み出すキャッシュ・フローをリスクに応じて評価する手法を採用した。また，農業特有の地域性や自然環境との関係を考慮し，定性評価の重要性を強調した。これにより，企業価値評価を金融理論にとどめず，農業法人の持続可能性と成長可能性を包括的に評価する枠組みを提示している。農業法人の持続的成長を促進するためには，事業性を明確に定義し，資本コストを上回る ROIC（投下資本利益率）の実現を目指す戦略的取り組みが必要であると提案した。具体的には，ブランド力，技術力，効率的な販売網，法規制による参入障壁，規模の経済性などを総合的に活用し，企業の強みを最大限に引き出すことが重要である。このような論点整理を通じて，客観的な評価と効果的な支援により，農業法人の経営課題を解決し，持続的成長を支援する実践的なツールとして企業価値評価の手法が効果的に活用されることが期待される。

第 3 章では，水田作を営む農業法人の事業価値評価の事例を示し，提案したフレームワークの有効性を検証し，改善点について考察する。

注

1) 農産物販売金額 5,000 万円以上または 100 万円未満の農業経営体の占める割合については 2020 年農林業センサスの公表データ「農産物販売金額規模別経営体数」より集計，農産物販売金額 5,000 万円以上の農業経営体の総額が全販売金額に占める割合については個票データを用いて独自に組み換え集計した。

参考文献

KPMG「M&A における ESG 対応」https://kpmg.com/jp/ja/home/services/advisory/sustainability-transformation/merger-acquisition.html

金融庁「地域密着型金融（リレーションシップバンキング）の推進，機能強化」「地域密着型金融の機能強化の推進に関するアクションプログラム（平成 17〜18 年度）（17 年 3 月 29 日）に基づく取組み」https://www.fsa.go.jp/policy/chusho/index.html（2024 年 7 月 10 日参照）

中小企業庁（2022）「事業承継ガイドライン」，https://www.chusho.meti.go.jp/zaimu/shoukei/download/shoukei_guideline.pdf（2024 年 7 月 10 日参照）．

日本公認会計士協会（2013）「企業価値評価ガイドライン」，https://jicpa.or.jp/specialized_field/publication/files/2-3-32-2a-20130722.pdf（2024 年 3 月 1 日参照）．

日本農業法人協会（2024）「2023 年版農業法人白書―2023 年農業法人実態調査より―」，https://d2erdyxclmbvqa.cloudfront.net/wp-content/uploads/20240515114659/2023hojinhakusho.pdf（2024 年 6 月 19 日参照）．

日本政策金融公庫（2023）「令和 4 年度農業経営動向分析結果」https://www.jfc.go.jp/n/findings/pdf/r05_zyouhousenryaku_3.pdf（2024 年 7 月 10 日参照）

農林水産省（2023a）「令和 5 年農業構造動態調査結果（令和 5 年 2 月 1 日現在）」，https://www.maff.go.jp/j/tokei/kekka_gaiyou/noukou/r5/index.html（2024 年 7 月 10 日参照）．

農林水産省（2023b）「農業版 BCP について」https://www.maff.go.jp/j/saigai/attach/pdf/saigairisk-6.pdf

農林水産省（2024）「食料・農業・農村基本法」https://www.maff.go.jp/j/basiclaw/attach/pdf/index-12.pdf（2024 年 7 月 10 日参照）．

渋谷往男（2024）「農業法人の M&A とわが国農業の発展戦略」日本農業経営学会編『農業法人の M&A』筑波書房，pp. 2-15.

砂川伸幸・笠原真人（2015）『はじめての企業価値評価』日本経済新聞出版社

柳村俊介（2024）「農業経営継承の問題構図と M&A」日本農業経営学会編『農業法人の M&A』筑波書房，pp. 120-135.

第**3**章
農業法人に対する企業価値評価の事例

田 井 政 晴

1　対象となる法人の情報収集と整理

　本章では，水田作を営む農業法人（X 法人）を企業価値評価の事例として
とりあげる。この評価は，農業外企業が X 法人への出資を検討する際の参
考資料とすることを目的として実施されたものである。なお，農業法人の名
称，資本構成，評価時点，所在地域，事業内容などについては，情報守秘の
観点から修正を加えた。ただし，財務情報や経営指標については，開示資料
をもとに一定の割合を調整するなどの修正を加え，実態を踏まえた理解が深
まるように配慮した。

(1)　対象法人の事業概要
　X 法人は，大半が中山間地域に所在する条件不利な立地で農地を集約しな
がら，水田の畑地化・輪作体系モデルを構築してきた農業法人である。水田
土壌を改良するなど，循環型の地域農業モデルを目指した輪作体系を実現す
るとともに，高収量・高品質の農産物を生産して収益向上を狙っている。ほ
かにも自社農作物で六次化商品の企画開発から販売を積極的に行うなど，多
角化展開を視野に入れた経営を志向している。

　《X 法人の事業データ》
　　・売上高 88.4 百万円　営業利益▲ 28.3 百万円　経常利益 20.5 百万円

90

・作付面積 90ha（自作地割合 10%）
・生産売上構成：水稲 70%，小麦 10%，野菜 20%

(2) 評価資料

　X 法人の評価に際して利用した資料には，X 法人から入手した資料の他に，評価人が独自に作成・入手した資料，ほかの専門家や調査会社が作成した資料などがある。

《X 法人から入手した資料》

　株主総会資料（過去 5 期），決算報告書（過去 5 期），雑役・雑損失内訳書，固定資産減価償却内訳明細書，固定資産税・都市計画税納税通知書（当年度），借入金及び支払利子の内訳書，返済計画書（日本政策金融公庫，JA，地域金融機関など），株主名簿（直近：開示情報），会社情報（登記情報），農用地利用集積等促進計画，圃場展開図，利用権設定申出書兼農用地利用集積計画（契約者控），自動車車検証，リース契約書，中期事業計画 10 ヵ年，事業計画書および作付計画と実績（6 期）

《外部入手情報》

　株価情報，類似会社の情報，アナリストレポート，農地評価に関する不動産鑑定士の意見書，機械設備評価に関する資産評価士の意見書

《評価人が作成した資料》

　事業分析に関する資料，純資産の修正内容，キャッシュ・フロー予測表，割引率の検討，その他

(3) 評価スケジュール

　直近の決算報告書，勘定科目内訳書を基準とし，基準日以前および以降の経営情報の開示を求めることで，過年度の事業実績に基づく成り行きの事業

推移を見通し，これに基づいて企業価値評価を行うプロセスを以下に示す。具体的には，農場の実地調査，経営環境の調査，経営者らへの聞きとり調査を踏まえ，定性的分析を繰り返し行い，当年度を移行期とする成り行きの事業推移を推定する。

　以下の①〜⑩は，事前相談から評価書提出までのプロセスを時系列で例示したものである。実際には，追加的なプロセスが必要となる場合もあるが，業務全体の流れを理解するための参考としている。

① 事前相談　　　　…依頼目的の確認と，評価方法等についてのディスカッション（機密保持契約（NDA）の締結）
② 契約締結　　　　…依頼条件の設定と見積実施（費用・期間・範囲に関する合意）
③ 資料の提示　　　…評価資料の開示および収集
④ 評価依頼　　　　…期日・報酬を決定後，評価着手
⑤ WEB面談　　　　…経営者からの聞き取り調査の実施
⑥ 実地調査（複数回）…経営実態の把握と保有資産の実在性の確認
⑦ WEB面談　　　　…面談と実地調査成果の確認
⑧ ドラフト提示　　…評価概要を提示して事実認定について確認
⑨ ロールアップ会議…評価方法ならびに評価結果について説明
⑩ 評価書提出　　　…評価書の提出

(4)　評価報告書に記載すべき事項

　評価報告書には，評価の目的，評価対象，利用目的，評価基準日を明確に記載しなければならない。また，評価責任者や情報開示先，依頼人が検討または計画している取引の概要と背景の説明，評価時に設定された前提条件や仮定条件，手続き記録，留意事項，業務の範囲についても記載する。同様に，業務受託の前提条件や責任の限定に関する事項や，評価結果を報告する際に評価者が自身の判断や責任に基づいて評価の基礎資料を改訂または修正した

(5) 基本情報の整理

詳細な企業価値評価に入る前に，まず会社の基本的な情報を整理しておく必要がある。会社情報として，まず会社登記情報を取得し，株主構成について聴取する。また，事業概要を視覚的に把握するために，事業展開の地理的位置について圃場展開図を作成して，自作地・借入耕地を含む作付地全体を地図上に表示しておくとわかりやすい。さらに，機械設備の展開図を付記することで，保有資産の配置状況を明確にする。財務情報は決算情報を中心に整理し，売上高・営業利益・補助金・経常利益・総資産額などの推移を整理し，参照可能な状態にしておく（ただし本書では圃場展開図・設備展開図・財務情報は開示しない）。本事例ではX法人における過年度の農地集約・作付面積（図3-1）の推移，および製品売上高（図3-2），補助金・交付金等（図3-3）の推移をグラフで示した。

X法人では，整然とした経営管理が行われており，水稲・小麦の各品種（合計約20品種）や，野菜種類（トマト，キャベツ，トウモロコシなど約

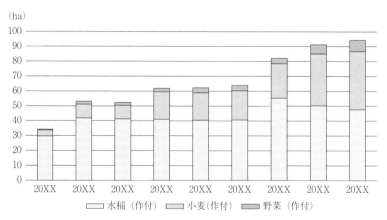

図3-1　作付面積推移

出典：筆者作成

第3章　農業法人に対する企業価値評価の事例

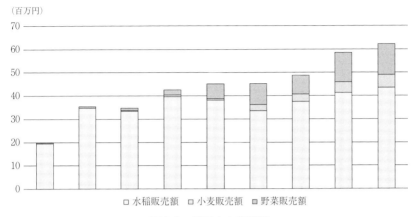

図 3-2　製品売上高推移

出典：筆者作成

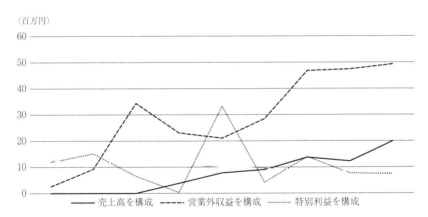

図 3-3　補助金・交付金等の勘定科目別推移

出典：筆者作成

10種類）ごとに，作付面積・生産量・販売金額が整理され，予実管理が行われてきた。したがって，X法人については各年度ごとに作成された作付計画と実績数値との差異分析が可能であり，長期間にわたる事業運営の経緯を把握することができた。また，事業収支を明らかにするために，過年度の補助金および交付金の分析を行った。売上として計上される価格補填収入，営

業外収益として計上される奨励金，補助金・助成金，受取共済金，多種多様な内容を含む雑収入，特別利益として計上される，農業経営基盤強化準備金，国庫補助金，経営安定補塡収入などについても，制度背景について理解するとともに，恒常的かつ永続性の観点から分類を行った。

2　定性評価の結果

続いて X 法人について，事業の成り立ちや当該法人を取り巻く諸条件と自然環境との関係を考慮し，定性評価の観点から 7 つの主要項目に分類して評価を行う。評価項目は，①基本情報，②事業形態と地域特性，③事業基盤，④マネジメント，⑤事業体制，⑥環境分析，⑦リスク管理で構成される。これらの主要項目は 16 の中分類に細分化され，最終的に 69 のチェック項目に及ぶ。例えば，③事業基盤の評価においては，経営資源の有効活用や設備投資の効果を含め，定量的および定性的な観点から詳細な確認が行われる。④マネジメントの評価では，経営者のリーダーシップや組織の効率性が評価対象となる。このような農業法人に対する多角的な評価は，過年度の経営実績

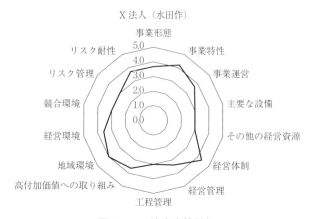

図3-4　X法人定性評価

出典：筆者作成

を踏まえた現状分析と，それにもとづく合理的な将来予測により，経営戦略の実現可能性を評価する重要なプロセスである。

なお，X法人の評価結果は図3-4の通りである。また概要を以下のとおり示す。

①② 基本情報および事業形態と地域特性

X法人は，水田作を営む農業法人である。

大半が中山間地域という条件不利な立地で農地を集約しながら，水田の畑地化・輪作体系モデルを構築してきた。

③ 事業基盤

農地中間管理機構を活用して地域内の農地を集約し，大規模な活用を図っている。具体的には，90haの集約農地を一体運営することで，栽培期間や収穫期間の調整を行い，作業分散を図る。借上げ農地には資産性は認められないが，農地集約と効率的運用により経済的価値が高まっている。

④ マネジメント

明確な経営ポリシーを保持し，環境変化への耐力を有している。具体的には，将来の事業環境を見据えた事業計画に着手するなど，常に10年先を考えた経営を行っている。

⑤ 事業体制

事業成長を見据えた資本投下を持続的に行っている。具体的には，償却済みの農業用機械を有効活用することで，効果的な運用を実現している。日常のメンテナンスコストを生産性の観点から管理しており，事業全体が有機的に機能している。営農管理システムの導入の歴史は浅いが，事業管理が本格化することで経営スタイルが洗練されることが期待されている。

⑥　環境分析

水田の畑地化・輪作体系モデルを構築し，循環型の地域農業モデルを実践する。具体的には，農業生産条件が不利な中山間地域への支援を通じて，地域農業のポテンシャルを維持することを事業課題とするなど，地域の農業政策と会社の経営方針が一致しており社会的意義も大きい（地域環境）。

金融機関との関係は良好とみられ，資金調達コストは低位に抑えられている（金融環境）。

生産コスト管理と明確な販売戦略，知名度向上策が収益に直結しつつある(競合環境)。

⑦　リスク管理

気候は温暖であり災害の懸念も少なく安定している。市場変動やコスト変動リスクに常に晒されているが，現行制度を十分に活用しながら経営のレジリエンスを高め，急激な変動に対しても経営者として明確な対応策を講じている。リスク許容度や対応方法への理解についても申し分ない。

⑧　経営課題

中山間地における獣害対策は深刻なレベルに達している。耕作されず放置された農地が地域内に数多く存在し，圃場管理に影響を与えているため，事業者単独では対処しきれない面が見られる。また，就業者の確保は経営規模の拡大を図る際の課題となる。今後の経営管理体制の充実を考えると，幹部職員の経営への参画を含めた従業者のモチベーション維持に関する対策が求められる。

3　企業価値評価

X法人の企業価値評価事例では，まず最初に，貸借対照表を基に時価ベースで事業投下資本を分析するネットアセット・アプローチを検討し，次に，

損益計算書の計画（事業予測。以下，プロジェクション）を基に算出したフリーキャッシュ・フロー（FCF）を，加重平均資本コスト（WACC）で現在価値に割り引くインカム・アプローチを用いて事業価値を評価する。また，マーケット・アプローチ（類似会社比較法）の併用を検討し，多角的な評価を試みる。なお企業価値評価は，事業価値に非事業資産の評価を加えて算出されるが，Ｘ法人の場合には対象となる非事業資産がないため，事業価値と同額を企業価値とみなした。

(1)　ネットアセット・アプローチ

　ネットアセット・アプローチは，企業のストックとしての純資産に着目して事業価値の分析を行うものである。この方法は，対象事業の純資産を基礎として対象事業の静態的価値を分析するものであり，一定時点における対象事業の貸借対照表に基づくことから，一般的に理解されやすい方法である。ただし，のれんやその他の無形資産の価値を考慮しない場合，その結果は必ずしも継続事業としての価値を示すものではないとされる。

1)　対象事業の定義

　事業価値を分析するためには，その分析対象となる事業（以下「事業対象」という）を定義する必要がある。Ｘ法人についての分析では，分析基準日における対象会社の貸借対照表を基礎として，非事業投下資本，純有利子負債およびその他投下資本を控除したものを対象事業の純資産額（97.8 百万円）とした。なお，非事業投下資本，純有利子負債およびその他投下資本の主な内訳は表 3-1 のとおりである。

2)　修正後純資産額の分析

　次に，分析基準日現在の対象事業の貸借対照表を基礎として，Ｘ法人から提供された情報に基づき，有形固定資産の再評価を行い，時価等への修正を加えたものを表 3-2 のとおり行った。本評価において時価修正の対象となる

98

表 3-1　X 法人の貸借対照表の分析結果

(百万円)

	XXXX 年 Y 月末実績	非事業 投下資本	純有利子 負債	その他 投下資本	対象事業
現金預金	48.8				48.8
売掛金	0.3				0.3
製品	0.9				0.9
原材料	1.8				1.8
仕掛品	5.4				5.4
貯蔵品	0.0				0.0
前払費用	0.2				0.2
その他	2.3	2.3			0.0
流動資産	59.7	2.3	0.0	0.0	57.4
有形固定資産	68.3				68.3
出資金	0.2				0.2
長期前払費用	0.2				0.2
保険積立金	1.8	1.8			0.0
繰延資産	0.2				0.2
固定資産	70.7	1.8	0.0	0.0	68.9
資産合計	130.4	4.1	0.0	0.0	126.3
買掛金	4.4				4.4
未払金	3.8				3.8
未払法人税等	0.3				0.3
短期借入金	10.7		10.7		0.0
その他	0.6	0.6			0.0
流動負債	19.8	0.6	10.7	0.0	8.5
長期借入金	47.9		47.9		0.0
長期未払金	11.6		11.6		0.0
農業経営基盤強化準備金	20.0				20.0
固定負債	79.5	0.0	59.5	0.0	20.0
負債合計	99.3	0.6	70.2	0.0	28.5
純資産	31.1	3.5	-70.2	0.0	97.8
負債純資産合計	130.4	4.1	0.0	0.0	126.3

出典：筆者作成

第3章　農業法人に対する企業価値評価の事例　　　99

表 3-2　X 法人の修正後純資産額の分析結果

(百万円)

	XXXX 年 Y 月末実績	非事業 投下資本	純有利子 負債	その他 投下資本	対象事業
現金預金	48.8				48.8
売掛金	0.3				0.3
製品	0.9				0.9
原材料	1.8				1.8
仕掛品	5.4				5.4
貯蔵品	0.0				0.0
前払費用	0.2				0.2
その他	2.3	2.3			0.0
流動資産	59.7	2.3	0.0	0.0	57.4
有形固定資産	146.3				146.3
出資金	0.2				0.2
長期前払費用	0.2				0.2
保険積立金	1.8	1.8			0.0
繰延資産	0.2				0.2
固定資産	148.7	1.8	0.0	0.0	146.9
資産合計	208.4	4.1	0.0	0.0	204.3
買掛金	4.4				4.4
未払金	3.8				3.8
未払法人税等	0.3				0.3
短期借入金	10.7		10.7		0.0
その他	0.6	0.6			0.0
流動負債	19.8	0.6	10.7	0.0	8.5
長期借入金	47.9		47.9		0.0
長期未払金	11.6		11.6		0.0
農業経営基盤強化準備金	20.0				20.0
固定負債	79.5	0.0	59.5	0.0	20.0
負債合計	99.3	0.6	70.2	0.0	28.5
純資産	109.1	3.5	-70.2	0.0	175.8
負債純資産合計	208.4	4.1	0.0	0.0	204.3

出典：筆者作成

のは，農地・宅地のほかに，建物・構築物，農業用ハウス，農業用機械設備，車両運搬具，器具・備品などの償却資産である。時価評価の結果，有形固定資産額は68.3百万円から146.3百万円へと修正され，その増加額は78百万円である。これにより，対象事業の修正後純資産額は175.8百万円と算定された。この純資産額を用いて，ネットアセット・アプローチによる分析とする。なお時価評価の方法は以下のとおり説明を加える。

3) 時価修正

　農地・宅地の時価修正にあたっては，開示情報や農業委員会などの専門家の意見を聴取するとともに，不動産鑑定士に依頼し，土地価格に関する調査を実施した。一方，建物・構築物，農業用ハウス，農業用機械設備，車両運搬具，器具・備品などの償却資産については，使用価値に着目した時価評価が可能であるため，資産評価士に依頼して時価額に関する評価意見を求めた。

　なお，時価評価を準備するために徴求した資料は以下のとおりである。

1. 土地建物固定資産税課税明細書
2. 固定資産台帳兼減価償却費明細書
3. 施設建設計画書（評価対象を確認）
4. 建物・構築物，農業用ハウス，機械設備，車両運搬具，器具および備品（購入当時の明細書）
5. 設備のメンテナンス情報，維持更新記録，車検証ならびに安全点検に関する証票

① 土地価格

　X法人は都市計画法上は，非線引き都市計画区域の用途地域無指定に属し，その農地の大部分が農業振興地域の農用地区域内に区分されている。同地域では農業従事者の高齢化が進み，農業後継者の減少が顕著である。その結果，農地の買い手が減少し，中山間地に広がる条件不利農地を中心に耕作放棄地

が目立つ。このような背景から，農地の価格は下落傾向にある。

　一般財団法人日本不動産研究所の「田畑価格及び賃借料調」[1]によれば，X法人の所在地域における田畑の平均価格および賃借料は，全国農業会議所の「田畑売買価格等に関する調査結果」の，農用地区域内農地の非線引き区域における平均価格よりも約2割低い水準（概ね，田が平均価格400千円／10a，平均賃料5千円／10a，畑が平均価格250千円／10a，平均賃料3千円／10a）である。また，農業委員会事務局が提供した「実際賃貸借された賃借料情報」によれば，10a当たり年額は，田で5,000円（最高額10,000円，最低額2,000円），畑で4,500円（最高額10,000円，最低額800円）であり，この地域における過去3年間の農地取引事例は，国土交通省土地総合情報システム等では確認できず，農業委員会事務局の賃借料情報でも取引が少ない。地元の専門家からのヒアリングでは，近年はサルやイノシシによる獣害が深刻で，耕作放棄された農地の復帰は困難であり，取引価格に大きな変動があるとされた。不動産鑑定士による調査では，田の価格水準は10a当たり350,000円から550,000円，畑は200,000円から300,000円程度とされている。同地域における宅地の価格も取引自体が少ない中で安定的に推移しており，X法人の貸借対照表上の土地評価額は固定資産税課税価格をもとにしているが，これは土地取引の実情に照らして妥当と判断される。

② 有形固定資産（土地以外）の時価評価

　X法人が所有する建物・構築物，農業用ハウス，機械設備などの有形固定資産については，コスト・アプローチを用いて評価を行った。一方，車両運搬具（トラクター等を含む）や汎用性のある農業用機械については，中古機械市場における売買事例の調査が可能であることから，マーケット・アプローチを採用した。固定資産台帳には120点の資産が記載されているが，実地調査の結果，錯誤記載により不存在の資産や故障で稼働していない資産が15点確認された。実際に存在が確認された資産は105点であり，他に，資産計上漏れと思われる資産が10点存在している。このように，資産の実在

性に関する調査を行ったうえで，事業資産の加減を行い，実在する資産の状態を確認して合計115点の資産の時価評価を行った。

　本調査を担当した資産評価士は，X法人の貸借対照表上の評価額68.3百万円に対し，時価評価額を146.3百万円と判断した。貸借対照表の評価額は適切な税務処理に基づくものであるが，資産の実在性を確認し，X法人の企業価値評価を求めるための時価額把握を目的として，資産評価士の評価結果を採用することにした。以下では資産評価のプロセスをより詳細に理解するために，様々な資産の種別に応じた評価手法の適用について解説する。

4）　時価修正の考え方と3つのアプローチ

　わが国ではこれまで，会計と課税所得との連動性を重視する傾向が強く，機械設備等の有形固定資産の評価は税法に基づく減価償却をベースとした簿価を採用するのが一般的であった。しかし，会計制度のグローバル化に伴う時価会計への動きを端緒として，事業再生やM&Aの局面では，不動産以外の資産についても時価評価が広く行われるようになっている。以下の価値変動イメージに示す通り，適切な修繕や追加投資を行うことで資産価値は長期にわたって持続することが知られており，「古い＝価値がない」という考え方は当てはまらない。このような資産の代表例として，中古農業用ハウスや，トラクターなどの農業用機械，穀物乾燥機や堆肥プラントなどの機械設備が挙げられる。いずれも修繕や追加投資を行い，適切なメンテナンスや技術革新を取り入れることで，その価値は長く維持され，機能向上させることができる資産である。図3-5は，長期にわたる価値変動イメージを説明したものである。時価評価に関する考察は，企業の長期的な経済価値を高めるために重要である。

　三つのアプローチには，具体的な評価手法として，コスト・アプローチや，マーケット・アプローチ，インカム・アプローチなどを用いる。X法人の有形固定資産の評価では，資産ごとに最も最適な評価手法を適用するとともに，評価プロセスやその効果について解説する。

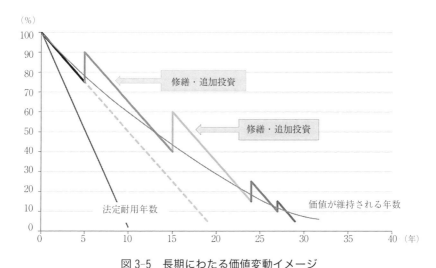

図 3-5　長期にわたる価値変動イメージ

出典：筆者作成

① コスト・アプローチの適用

建物・構築物，穀物乾燥機，選果機，保冷庫，脱穀機などの農業用機械，農業用ハウス，畜舎や環境制御装置などの広範な生産設備については，主としてコスト・アプローチを用いた評価を行う。このうちより汎用性の高い資産についてはマーケット・アプローチとの併用も考えられる。

コスト・アプローチの算定式

コスト・アプローチによる価格＝
　　新規再調達コスト（同種・同能力の物の再取得価格）
　　　－物理的劣化（耐用年数に基づく）
　　　－機能的退化（機能的な非効率性および技術革新に伴う減価）
　　　－経済的退化（外的要因による収益性低下に伴う減価）

コスト・アプローチの考え方は，設備を購入する際，十分な知識を持つ購入者が，同等の性能を有する代替設備を製造するコストを超える金額を支払わないという前提に基づいている。このため，コスト・アプローチを適用する際には，まず新規再調達コストを算出する必要がある。新規再調達コストを算出するにあたっては，対象資産の新品取得価格（当初コスト）を明確化し，その資産と照合して仕様や設置状況を確認するとともに，取得価格の妥当性を検証する。場合によっては，固定資産台帳の「取得価額」を当初コストとして扱うこともある。こうして算出した当初コストに，物価水準の変動を反映させるなどの調整を加えることで，新規再調達コストを導き出す。物価水準の調整には，日本銀行の企業物価指数を資産タイプごとに適用するのが一般的である（表3-3）。また，同種・同能力の設備における評価時点での通常再取得価格が把握可能な場合には，その価格を直接新規再調達コストとして採用することも可能である。中古取得した資産についても同様の方法を適用するが，購入時の明細書と現状との差異に着目する必要がある。さらに，リース資産の場合はリース契約書を，補助金対象資産の場合は証票を確認する必要がある。

　Ｘ法人では，新旧を問わず資産の更新や機能向上が適切に行われており，日常的なメンテナンスも徹底されている。その結果，特に重要な資産については，個別資産ごとに取得価額の妥当性および代替性に関する検討が行われた。

　次に，コスト・アプローチでは，新規再調達コストから，劣化に伴う減価を加味して評価を行う。

　物理的劣化に基づく減額（耐用年数に基づく減価）では，通常耐用年数を，民間企業の投資・除却調査結果や設備メンテナンス事業者から提供される情報を基に設定する。通常耐用年数を超過していない資産は，「実効年数＝使用年数」として評価を行うが，通常耐用年数を超過した資産であっても，使用可能な状態にあり，機能的にも十分使用に耐える場合には残価率を考慮する。

第 3 章　農業法人に対する企業価値評価の事例　　　105

表 3-3　資産タイプごとの物価水準の傾向

年	農業用機械	穀物処理機械	原動機	ポンプ・圧縮機	業務用エアコン	その他のはん用機械
2013	92.2	81.6	82.1	87.2	83.1	78.4
2014	93.3	84.0	85.1	90.7	88.2	81.1
2015	93.2	84.8	92.0	91.1	90.3	82.2
2016	94.4	89.5	93.7	91.6	90.7	82.0
2017	93.8	90.2	91.6	91.2	91.2	81.7
2018	93.6	90.3	92.2	91.4	91.9	83.4
2019	92.9	91.4	92.4	93.9	93.7	86.8
2020	94.5	91.3	96.1	95.3	94.2	88.5
2021	95.1	93.4	97.6	94.1	94.8	89.3
2022	96.5	95.2	97.0	96.3	95.6	93.7
2023	**100.0**	**100.0**	**100.0**	**100.0**	**100.0**	**100.0**

注：2023 年＝100 とする。
出典：日本銀行企業物価指数より著者作成

　次に，機能的退化による減額では，故障，過剰設備，能力不足，技術水準の変化などの要因に注目するとともに，資産の実際の稼働状況を確認したうえで，実地調査に基づいて判断する。

　最後に，経済的退化による減額は，経営環境や外部要因によって対象機械設備が本来の能力を十分に発揮できない場合に，稼働率分析などを用いて適切な減額を行う。

　X 法人の資産はいずれも稼働中であり，使用目的も明確であるため，一部の不稼働を除いて経済的退化は認められないと判断された。

　特に，X 法人の収益獲得の有力な手段である 4 棟の農業ハウスは，時価価値が簿価を上回る可能性が高いと判断された。昨今の施設園芸は，新設価格の高騰に加えて，環境制御の程度が進行しており，設備高度化・投資額増加の傾向が強まっている。例えば，農業用ハウスの新設コストは過去 10 年間で約 1.7 倍になるなど，新規設備取得による償却費の負担増が指摘されている。X 法人の農業用ハウス 4 棟は，設置後 10 年以上経過した野菜産地強化特別対策事業を念頭に設置された低コスト耐候性ハウス（農業用ハウス）であるが，設置されてから環境制御に関する機能向上が逐次実行されており，

特に簿価と時価の乖離が認められた。本件ではそれぞれの当初コストに対して物価水準の傾向による補正を行い、農業用ハウスの資産構成と実効耐用年数を踏まえながら、実地調査に基づいて時価評価を行った。

② マーケット・アプローチの適用

マーケット・アプローチを適用する資産は、オープンな中古市場で流通が盛んな資産である。X法人の資産のうち、トラクター、コンバイン、田植機、トラック、フォークリフトなど、中古市場で活発な取引が確認される資産が該当する。自走式の農業機械や車両については、中古取引価格を基に評価モデル（残価カーブ）を作成し、そのモデルを用いて評価を行う。

これらの資産は、取引情報が収集可能であることから、資産分類ごとに新規再調達コスト、取引価格、取引時点の経過年数などのデータを収集し、統計的手法を活用して評価モデルを作成できる。このモデルでは、残価を推定することでスクラップバリュー（Scrap Value）を考慮している。スクラップバリューとは、生産用途ではなく、含有材料の売却によって得られる、特定日時点での予想金額を指す。本評価では、図3-6に示したコンバインの評価モデルを例として取り上げた。

X法人が所有する個々の農業用機械については、同様の評価モデルを基礎

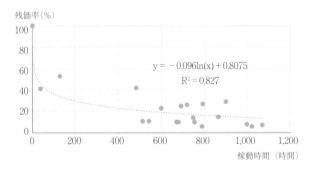

図3-6　コンバインの評価モデル
（残価カーブに基づく評価例）

出典：筆者作成

として，個別のメンテナンス状況，稼働履歴，アタッチメントの有無などの品等差を考慮することで，高い実証性を伴う時価を把握できた。

③　インカム・アプローチの適用

インカム・アプローチは，対象となる個別の資産から得られる利益，配当，キャッシュ・フロー等に着目し，それを一定のリスク等に基づく還元率または割引率により還元または割り引くことで事業価値を分析する。この方法は将来予測に基づく分析アプローチであり，対象資産のリスクとリターンを価値に織り込むことができる。しかし，X法人の所有する資産にはインカム・アプローチが適用可能な資産は見あたらなった。

(2)　インカム・アプローチ（対象事業の動態的価値を表す）

インカム・アプローチは，対象事業の利益，配当，キャッシュ・フロー等のフローに着目し，それを一定のリスク等に基づく還元率または割引率により，還元または割り引くことにより事業価値を分析する方法である。この方法は，将来予測に基づく分析方法であり，対象事業のリスクとリターンを価値に織り込むことができることから，対象事業の動態的価値を表すものとして，継続事業の価値を分析する場合には理論的な方法であるとされる。

1)　事業計画の検証

X法人は，農地の集約化に伴い，一定の規模の拡大が持続的に見込まれており，これに基づいた事業計画を策定している。依頼者から提示された事業計画を参照し，実地調査を通じて定性的な評価を行い，その妥当性を検証したうえで，FCFの推定を実施する。損益計算書に関する計画の実績と想定は，表3-4，図3-7に示されている。決算書の実績値を基に過去の経営実績を分析し，将来の想定については，提示された事業計画を基に補正を検討する。

X法人では，事業計画を想定するにあたり，提示された事業計画書をもとに，経営者が想定する六次産業化による売上増加シナリオを慎重に分析する

108

表 3-4　損益計算書推移（実績＋想定）

（百万円）

	実績 5 期	実績 4 期	実績 3 期	実績 2 期	実績 1 期	進行期	計画 1 期	計画 2 期	計画 3 期	計画 4 期	計画 5 期
売上高	57.3	56.5	68.7	78.6	88.4	88.4	90.3	92.3	94.3	96.4	98.6
売上原価	68.2	72.3	103.6	99.8	103.4	98.3	97.8	95.9	93.6	92.9	93.4
売上総利益	▲ 10.9	▲ 15.8	▲ 34.9	▲ 21.2	▲ 15.0	▲ 9.9	▲ 7.5	▲ 3.6	0.7	3.5	5.2
販売費および一 般管理費	5.3	5.5	10.8	12.7	13.4	12.8	13.3	13.5	13.7	13.9	14.2
営業利益	▲ 16.2	▲ 21.3	▲ 45.7	▲ 33.9	▲ 28.3	▲ 22.7	▲ 20.8	▲ 17.1	▲ 13.0	▲ 10.4	▲ 9.0
補助金収入等	21.1	28.5	46.9	47.5	49.3	32.6	31.1	31.1	31.1	31.1	31.1
その他	0.7	0.2	0.0	1.0	0.0	0.3	0.3	0.3	0.3	0.3	0.3
営業外収益	21.8	28.7	46.9	48.5	49.3	32.9	31.4	31.4	31.4	31.4	31.4
支払利息	0.1	0.2	0.3	0.4	0.5	0.3	0.2	0.2	0.2	0.1	0.1
その他	0.0	0.4	0.0	0.0	0.0	0.2	0.2	0.2	0.1	0.0	0.0
営業外費用	0.2	0.6	0.3	1.2	0.5	0.5	0.4	0.4	0.3	0.1	0.1
経常利益	5.4	6.8	0.9	13.4	20.5	9.8	10.2	13.9	18.1	20.9	22.3
特別利益	33.2	4.2	14.0	7.7	7.4	0.0	0.0	0.0	0.0	0.0	0.0
特別損益	34.6	8.3	8.8	15.9	23.0	0.0	0.0	0.0	0.0	0.0	0.0
税引前当期純利 益	4.1	2.8	6.1	5.2	4.9	9.8	10.2	13.9	18.1	20.9	22.3

	実績 5 期	実績 4 期	実績 3 期	実績 2 期	実績 1 期	進行期	計画 1 期	計画 2 期	計画 3 期	計画 4 期	計画 5 期
経常利益	5.4	6.8	0.9	13.4	20.5	9.8	10.2	13.9	18.1	20.9	22.3
受取利息	0.0	0.0	0.0	0.0	0.0	0.0	0.0	0.0	0.0	0.0	0.0
支払利息	0.1	0.2	0.3	0.4	0.5	0.3	0.2	0.2	0.2	0.1	0.1
EBIT	5.6	7.1	1.2	13.8	21.0	10.0	10.5	14.1	18.3	21.0	22.4
EBIT マージン	7.3%	5.3%	9.3%	7.1%	6.1%	11.3%	11.6%	15.3%	19.4%	21.8%	22.7%
減価償却費	11.5	13.6	27.0	21.6	24.8	19.0	16.9	13.3	9.4	7.0	5.7
EBITDA	17.0	20.6	28.2	35.4	45.8	29.0	27.3	27.5	27.7	28.0	28.1
EBITDA マージ ン	29.7%	36.5%	41.0%	45.1%	51.8%	32.8%	30.2%	29.8%	29.3%	29.0%	28.5%

出典：筆者作成

　ことが求められた。また，作業受託売上については直近の実績値を参考にす
るなどの根拠が重要である。これらの計画は，経営者へのヒアリングから得
られた情報との整合性を重視し，将来の事業想定に対して実現性の観点から

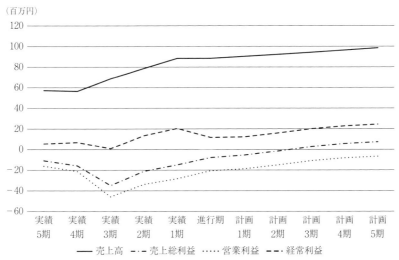

図 3-7　損益計算書推移（実績＋想定）グラフ

出典：筆者作成

調整を加えた。

　一方で，売上原価については過年度の売上高に対する実績値を参考にし，今後の生産計画に基づいて計画数値を検証する。例えば，販売管理費は直近の実績値を参考にするが，逓増傾向にある通信費やシステム管理費の見積もり方法については慎重な検討が必要である。また，新たな取り組みに対するコスト計算の妥当性も確認すべきである。補助金・雑収入に関する考察では，恒常的かつ持続的かが判断基準となるが，一部の交付金や補助金には，名称や名目が変わっても実態として恒常的なものが含まれている。雑収入である助成金や交付金，謝金や調査報酬についても，同様に地域農業との関係が深く，持続的なものは収益として考慮するべきである。さらに，事業想定において検討された項目は，補助金・雑収入，法人税，投資計画・減価償却の推移，長期未払金など，各項目ごとに整理することが望ましい。

110

2) FCF の推定

損益計算書計画推移（実績＋推定）に基づいて表3-5の通り，対象事業の FCF を推定する。具体的には，NOPAT に，再投資額（正味運転資本投資，償却費と設備投資の純額としての純設備投資等）を加減算することにより，各計画期間における FCF を推定する。再投資額については，正味運転資本

表3-5　フリーキャッシュ・フローの推定

（百万円）

		進行期	計画 1期	計画 2期	計画 3期	計画 4期	計画5 期以降
a	売上高	88.4	90.3	92.3	94.3	96.4	96.4
b	売上原価	98.3	97.8	95.9	93.6	92.9	92.9
c	売上総利益	▲9.9	▲7.5	▲3.6	0.7	3.5	3.5
d	販売費及び一般管理費	12.8	13.3	13.5	13.7	13.9	13.9
e	税引前営業利益 c-d	▲22.7	▲20.8	▲17.1	▲13.0	▲10.4	▲10.4
f	経常的に発生する営業外収支（支払利息除く）	32.9	31.4	31.4	31.4	31.4	31.4
	補助金・助成金	0.6	0.6	0.6	0.6	0.6	0.6
	作付助成収入	18.9	18.9	18.9	18.9	18.9	18.9
	雑収入	13.0	11.6	11.6	11.6	11.6	11.6
	受取利息配当金	0.0	0.0	0.0	0.0	0.0	0.0
	受取共済金	0.3	0.3	0.3	0.3	0.3	0.3
	その他	0.0	0.0	0.0	0.0	0.0	0.0
g	EBIT　　　　　　　　e+f	10.2	10.7	14.3	18.4	21.0	21.0
h	法定実効税率　　　　33.6%						
i	法人税等　　　g×h＋均等割額	3.6	3.8	5.0	6.4	7.2	7.2
j	NOPLAT	6.6	6.9	9.3	12.1	13.8	13.8
k	減価償却費（＋）	19.0	16.9	13.3	9.4	7.0	15.0
l	正味運転資本の増加（−＋）	0.9	▲0.1	▲0.1	▲0.1	▲0.1	▲0.1
m	設備投資額（−）	0.0	0.0	0.0	0.0	0.0	15.0
n	その他正味資産の増加	0.0	0.0	0.0	0.0	0.0	0.0
	フリーキャッシュ・フロー	24.7	23.8	22.7	21.5	20.8	13.8

出典：筆者作成

投資を，過年度における回転期間と損益計算書予測等に基づいて想定し，償却費については，移行期までに既に投資済みの設備については，会計方針に従った償却費を見込んだ。計画5期以降は，設備の維持更新費用として妥当と思われる設備投資額を想定する一方で，その同額を償却費とした。これらの検討には，十分に経験を積んだ財務専門家の助言を必要とする。

3) インカム・アプローチによる分析結果

当該事例の分析結果を総合的に勘案して，上記のとおり FCF を求め，これをもとに第2章で述べた方法を用いて事業価値を求めた。

評価プロセスは表3-6のとおりである。具体的には，FCF を WACC により現在価値に割り引くことにより事業価値を分析する。

表3-6　DCF シート

年数		① FCF	② 割引率	③ 係数	④割引現在価値 (① × ③)
20XX 年度（進行期）	1	24.7	6.0%	0.9434	23.3
20XX 年度（計画1年）	2	23.8	6.0%	0.8900	21.2
20XX 年度（計画2年）	3	22.7	6.0%	0.8396	19.1
20XX 年度（計画3年）	4	21.5	6.0%	0.7921	17.0
20XX 年度（計画4年）	5	20.8	6.0%	0.7473	15.5
20XX 年度（計画5年以降）永続	6	13.8	6.0%	0.7050	9.7
⑤ 計画期間の FCF 割引現在価値計（④合計）					105.8
⑥ 継続価値（最終年度 FCF÷最終還元利回り）			6.0%		230.0
⑦ 継続価値の現在価値（⑥ × ③）					162.1
事業価値⑤＋⑦					268.0

出典：筆者作成

112

(3) マーケット・アプローチ

マーケット・アプローチのうち，類似会社比準法および取引事例法は，対象事業と事業内容，事業規模等の観点から類似する複数の上場会社または取引事例を選定し，当該類似会社の市場株価ないしは取引価格と利益，キャッシュ・フロー等の比準項目との相関値を，対象事業の比準項目に対応させることにより，事業価値を分析する方法である。この方法は，比較的少ないデータで事業価値を分析することができ，計算も簡単であるが，対象事業と事業価値を比準するほど十分に類似した事業内容，事業規模等を有する上場会社や取引事例を見出すことができない場合には，その分析結果に対する説得力が欠けるという側面もあるとされる。

特に，類似会社比準法は，類似会社の市場株価等に基づく比準倍率（マルチプル）に，対象会社の財務数値を乗じることにより，事業価値を算出する方法であるが，詳細は第2章で述べたとおりである。

X法人の評価にあたっては，国内上場類似会社がない（または少ない）ことから，海外の類似会社を採用する等の方法も検討したが，分析結果に対する説得性の観点から採用を見送った。

(4) X法人に対する評価の結論

ネットアセット・アプローチによる分析結果である表3-7は，のれん相当額が考慮されていないため，この結果が必ずしも継続事業としての価値を示しているとは限らない。

インカム・アプローチによる分析結果である表3-8には，のれんやその他の無形資産の価値が含まれており，継続事業としての価値を示しているといえる。対象企業の価値は，インカム・アプローチを採用した結果，268.0百万円と判断された。

第3章　農業法人に対する企業価値評価の事例　　　113

表 3-7　ネットアセット・アプローチによる分析結果

ネットアセット・アプローチ

		帳簿純資産額	修正額	修正後純資産額
純資産額	（百万円）	97.8	78.0	175.8

出典：筆者作成

表 3-8　インカム・アプローチによる分析結果

インカム・アプローチ

		加重平均資本コスト
		6.0%
事業価値	（百万円）	268.0

出典：筆者作成

4　事業性に関する分析

　インカム・アプローチによる分析結果とネットアセット・アプローチによる分析結果との差額は，のれん相当額の価値を示していると考えられる。本評価において，インカム・アプローチによる分析結果がネットアセット・アプローチによる分析結果を上回っていることから，X社の事業におけるのれん相当額の価値はプラスであるといえる。本評価で定義した事業性に関する指標および分析アプローチでは，事業性を「当該事業の将来性および持続可能性」と捉えている。事業性は，事業価値に影響を与える要素であり，本分析では，事業性の有無を，表 3-9 に示すように，事業に関連する投下資本（事業投下資本）と，その投下資本からもたらされる価値（事業価値）に基づいて検討した。

表 3-9　のれん相当額の分析

のれん相当額の分析

	加重平均資本コスト
	6.0%
事業価値　　　　　（千円）	268.0
事業投下資本（時価ベース）	175.8
のれん相当額	92.2

出典：筆者作成

5　最終評価

投資対象：Positive（ポジティブ）

X法人には，個別の課題は存在するものの，過去の実績に見られるように，地域全体でこれらを乗り越えてきたポテンシャルが備わっていることから，投資対象として「ポジティブ（Positive）である」と評価される。

1)　評価理由

一般に，超過収益を実現するためには，ブランド力，技術力，販売網の強化，法規制への対応，規模の経済といった要因が重要視される。X法人は，集約された借上農地を効率的に運用し，水田の畑地化や輪作体系モデルの構築を通じて生産効率を向上させた実績を豊富に有している。さらに，循環型地域農業モデルの推進や農地中間管理機構の活用による農地集約により，地域農業との一体感を強化し，持続可能な成長を実現している。このような取り組みによる収益力は，時価ベースでの保有資産価値を上回るものとなっている。明確な経営方針と長期的な戦略に基づくX法人の経営手腕は，地域の農業政策とも一致しており，高い社会的意義を持つと同時に，安定した収益確保にも寄与している。また，地域特性を活かした事業展開と，環境変化に柔軟に対応する能力が，同法人にさらなる成長の可能性をもたらしている。

本評価では，農場の実地調査，経営環境の分析，経営者へのヒアリングを基に，定性的な分析を繰り返し実施した。その結果，当年度を移行期とする事業推移を慎重に推定し，これを結論としている。さらに，今後は資本の増強と経営体制の強化を図るとともに，販売戦略の改良を進めることで，生産から販売までの一貫体制を確立し，農産物の付加価値を高める方針が明確に示されている。このような取り組みにより，将来的な収益力の強化が期待される。同法人は，これらの新たな経営課題を克服し続ける能力を有しており，持続的な成長が見込まれる。

2) 企業経営の迅速な意思決定を支える評価基準

企業の経営状況を「Positive」＝投資に積極的，「Fair」＝慎重に検討，「Negative」＝見送り，といった表現で簡潔かつ的確に伝えることは，投資家や経営者が企業の状況を迅速に把握し，適切な戦略的決定を下すために非常に重要である。これらの表現は，単一の言葉で経営状態を示す効果的なツールとして役立つ。たとえば，企業が「Positive（ポジティブ）」と評価される場合，それは企業の収益性や成長性に対する強い信頼のシグナルとなり，投資家の追加投資を促進する可能性が高い。一方，「Fair（フェア）」や「Negative（ネガティブ）」といった評価は，リスクを示唆し，投資の再検討や慎重な対応を促すシグナルとして機能する。

このような表現を適切に使い分けることで，企業の透明性や信頼性を高めるとともに，投資家や株主，取引先といった主要なステークホルダーとの関係を強化することができる。また，これらの評価は，膨大な情報を簡潔にまとめて伝える手段として，ビジネス文書や報告書，会議でのコミュニケーションにおいて極めて有効である。企業の健全性やリスク状況を明確に示すことで，意思決定の効率化と精度向上を支援する役割を果たす。

6 企業価値評価の簡潔な評価プロセス

　本章ではここまで，水田作を営む農業法人（X法人）の事例を用いて，詳細な評価プロセスを説明した。続いて，耕種農業（野菜作）A農業法人，環境制御型農業（菌床きのこ）B農業法人，および畜産農業（酪農）C農業法人の3つの農業類型について，それぞれの概要を示し，各類型の特性や評価のポイントを解説する。なお個別の農業法人の評価プロセスを比較しやすくするために，最初に事業データと概況を述べ，財務分析を行い，定性評価により事業実態に焦点を当てて多面的な分析を行ったうえで概要を示す。そして各法人ごとの経営課題を明らかにしたうえで中長期の事業計画を策定する。それぞれの農業法人は，プロジェクションの再検討を必要とするもの，事業の持続可能性を問うもの，ストックとフローの指標に着目すべきものなど，それぞれの重要性に応じた分析を必要としている。企業価値評価のプロセスは同じであっても，解決すべき課題はそれぞれに異なる。同時に投融資先としての魅力も様々である。事業価値評価の方針と最終評価に至るまでの流れはひとつとして同じものはない。

(1) 耕種農業「野菜作」効率的な生産管理と戦略的販売によって企業価値の最大化を図るA農業法人

1) 事業データと概況

　A農業法人は売上高248.5百万円，営業損失29.9百万円，経常利益1.5百万円，総資産252.4百万円を有し，100haの圃場で多品目の野菜を栽培している。特別栽培に特化した大規模生産は地域農業の成功モデルと評価されているが，安定した収益確保が課題となっている。

2) 財務分析：増収・低収益構造と資金繰り

　売上高は増加傾向にある一方，設備投資に伴う償却負担や人件費の負担が

大きく，収益性が低いことが課題である。改善策として，経費削減に加え，ICT を活用した生産管理システムや労働力削減を目的とした自動化技術の導入が検討されている。これにより，生産性向上を通じた収益性の改善が期待されている。資金面では借入依存度が高く，当座比率や流動比率が低水準にとどまっている。しかし，関係会社からの資金調達や補助金を活用してキャッシュ・フローを確保しており，短期的な資金繰りへの懸念は小さいと考えられる。

3) 定性評価

農業法人の価値評価においては，事業の継続性が最も重要である。この継続性を確保するためには，事業実績に裏付けられた成長性，地域社会との良好な関係，持続可能な農業技術の導入を含む包括的な視点が不可欠である。これらを念頭に置いた，現実的で信頼性の高いプロジェクションが可能である（図3-8）。

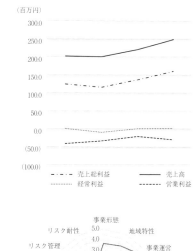

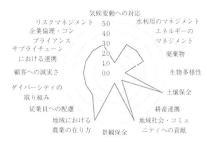

図3-8 「野菜作」A 農業法人の経営動向・定性評価結果

出典：筆者作成

①② 基本情報と事業形態と地域特性

A 農業法人は，野菜作を営む農業法人である。農業類型は都市的地域の田畑型であり，大消費地に近く農地集約も進んでいることから効率的な運用

118

が可能である。

③　事業基盤

　A 農業法人は，地域内の借り受け農地を活用して圃場を拡大し，有機栽培から特別栽培方式への移行を長年かけて実現した。この方式により，生産効率の高い高収益の多品目野菜の生産を可能にし，地域のオンリーワン商品を育て上げることで競争優位性を確保している。

④　マネジメント

　経営者は有機農法の先駆者として実績を積み重ね，70 代後半になっても意欲的に取り組んでいる。合理的な判断と費用対効果を重視した経営が全体のバランスを維持し，安定した成長を支えている。

⑤　事業体制と技術導入

　特別栽培において有機天然肥料の使用について取引先から評価を得ている。また，下水汚泥の堆肥化などの先進的な取り組みを行う一方，ICT などの先端技術導入には慎重な姿勢が見られる。費用対効果の検討が進んでいるものの，経営の「見える化」にはさらなる改善が期待されている。

⑥　環境分析

　A 農業法人は，多品目野菜の大規模生産から生産効率の高い高収益の野菜へ集中することに成功し，安定的な収益を確保している。具体的には，市場出荷から量販店向け販売への転換をいち早く実現し，近年では中食・外食向け出荷へのシフトを進めるなど，迅速かつ的確な経営判断が際立っている。

⑦　リスク管理

　長年の経験を活かした柔軟なリスク対応に実績があるが，組織的なリスク管理体制は未整備である。事業承継や取引先への説明のためにも，具体的な

事業継続計画（BCP）の策定が求められる。

⑧　ESG 関連要素

　地域コミュニティへの貢献や農福連携，地域金融機関からの出向者受け入れなど，地域社会との連携は十分に評価されている。一方で，ガバナンス面では経営者個人の経験に依存する部分が多く，対外発信や組織内での情報共有を通じた具体的な成果を示す必要がある。

4)　経営課題

ガバナンスの強化

　現経営者の豊富な経験と直感に頼る経営スタイルを次世代に承継するためには，経営ノウハウの体系化とマネジメントの移譲が不可欠である。これが進まない場合，同社の強みである高い栽培技術や契約栽培による収益安定の好循環が損なわれるおそれがある。この課題は事業承継の観点からも重要である。

中長期の事業計画の策定

　単年度の営農計画は精緻であるが，長期的な収益予測や資金計画が策定されていない。収益予測，資金調達計画，キャッシュ・フロー見通しを含む具体的な事業計画が求められる。これにより，利害関係者への説明責任を果たすとともに，企業内部での意思決定の透明性や一貫性を高め，経営戦略の実効性を強化する効果が期待される。

5)　プロジェクションの重要性

　A 農業法人のプロジェクションは，表 3-10 と図 3-9 に概要を示す通りである。プロジェクションとは，現状分析とそれに基づく合理的な将来予測により，経営戦略の実現可能性を評価する重要なプロセスである。これには売上予測，費用予測，利益計画，キャッシュ・フロー分析，資金調達計画が含

表3-10 「野菜作」A農業法人の事業実績と事業想定
(百万円)

	実績4 20XX	実績3 20XX	実績2 20XX	実績1 20XX	想定1 20XX	想定2 20XX	想定3 20XX	想定4 20XX	想定5 20XX
売上高	202.4	200.6	220.7	248.5	277.0	296.3	315.7	335.0	335.0
売上総利益	124.4	115.5	136.6	160.5	183.9	200.3	216.7	235.7	235.7
営業利益	-40.7	-33.5	-20.7	-29.9	-9.7	1.7	12.8	31.8	32.0
経常利益	1.2	-9.3	0.7	1.5	21.8	33.1	44.2	63.2	63.4
総資産	241.9	235.9	236.0	252.4	280.7	312.8	348.7	398.1	440.2

(百万円)

	NOPAT	正味運転資本投資	減価償却費	設備投資	FCF
20XX	16.4	-3.9	18.5	18.5	20.3
20XX	23.9	-8.3	18.5	18.5	32.2
20XX	31.2	-4.9	18.6	18.6	36.1
20XX	43.8	-6.6	18.8	18.8	50.4
20XX	43.8	0.0	18.8	18.8	43.8
永続フロー	43.8	0.0	18.8	18.8	43.8

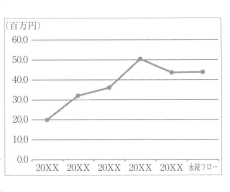

図3-9 「野菜作」A農業法人のフリーキャッシュ・フローの想定と推移
出典：筆者作成（開示資料をもとに推計）

表3-11 事業価値評価結果
(百万円)

事業性に関する判定	対象法人
事業価値	696.3
事業投下資本	159.0
のれん相当額	537.3

出典：筆者作成（開示資料をもとに推計）

まれ，将来の収益性や資金繰りを総合的に検討する。プロジェクションは，定性評価を裏付けとし，経営者の情熱だけでなく，同社の事業計画の実現可能性を問うものである。同社のプロジェクションは，農業を事業として評価するための必要な項目を網羅しており，経営戦略の基盤となる。

6) 投融資先としての魅力

A農業法人は，多品目野菜の大規模生産から生産効率の高い高収益の野菜の契約栽培へ戦略的に移行し，市場変化に柔軟に対応してきた。近年は新たに，量販店や中食・外食産業向けの販売ルートを確立し，利益率の高い顧客を開拓することで経営の安定化を実現している。さらに，環境保全や地域貢献にも積極的に取り組み，取引先や地域社会から高い信頼を得ている。後継者育成や経営ノウハウの体系化は今後の課題として残るが，長期的には持続可能な経営が期待され，地域経済の発展にも貢献する企業といえる。このような点から，同社は投融資先として高く評価される。さらに，新市場展開や取引先との連携強化により，さらなる成長が見込まれる。

7) 事業価値評価の方針

本評価では，A農業法人の貸借対照表を基に，時価ベースで事業投下資本を分析するネットアセット・アプローチを採用した。その後，損益計算書計画（プロジェクション）に基づいてFCFを算出し，WACCを用いて現在価値に割り引くことで，インカム・アプローチによる事業価値を評価した。また，これらの結果を検証するため，規範性は低いものの，類似会社比較法（マーケット・アプローチ）を併用している。評価の結果（表3-11），インカム・アプローチによる分析結果はネットアセット・アプローチを上回り，対象事業ののれん相当額がプラスであることが確認された。このことから，同法人は十分な事業性を有していると判断できる。最終的な事業価値（企業価値評価）は696.3百万円と算定され，事業投下資本を上回る。最終評価は投資対象として「Positive」であると評価された。

(2) 環境制御型農業「菌床きのこ栽培」優れた栽培管理をベースに販売管理の革新による企業価値の改善を図るB農業法人

1) 事業データと概況

B農業法人の売上高は334.2百万円，営業利益は▲154.9百万円，経常利

益は▲135.9百万円である。資産合計は1,424.5百万円に達し，高度に環境制御された施設を活用し，大規模な菌床栽培を実施している。さらに，節水技術や廃棄物低減を目的とした物質循環に注力し，高品質なオーガニック製品の生産を行っているが，エネルギー価格の高騰が課題として挙げられる。

2）　財務分析：課題解決が必要な赤字体質

本事業の生産設備に係る償却負担は非常に大きく，継続して赤字が計上されている。一方で，キャッシュ・フローはプラスを維持しているものの，流動性は極めて乏しい状況にある。高収益商品への転換，販売先の見直し，さらには同業他社との差別化による販売単価の向上が喫緊の課題である。親会社からの経営支援により安定は保たれているが，主要金融機関の融資姿勢については慎重に注視する必要がある。

3）　定性評価

農業法人の評価においては，事業の継続性が最も重要視される。この継続性を支えるためには，事業実績に基づく成長性，地域社会との良好な関係，持続可能な農業技術の導入が不可欠である。本事業においては，これらの要素を考慮した現実的かつ信頼性の高い事業予測が可能であると考えられる（図3-10）。

①②　基本情報と事業形態と地域特性

B農業法人は，キノコ類の栽培を営む農業法人である。農業類型は平地農業地域の水田型であるが，同社の設備は工業団地内に展開され，高度に環境制御された施設で運営されている。

③　事業基盤

B農業法人の生産設備は工業団地内に設置されており，高度な環境制御が可能な施設で生産体制が整備されている。節水技術や資源循環に関して高い

技術力を有するが、エネルギーコストの上昇が課題となっている。また、ASIAGAPおよび有機JAS認証を取得し、自社ブランド価値を高めるための商標権も保有している。

④ マネジメント

B農業法人では、法令遵守に基づく経営が実施されており、地元有力企業の事業部門として支援を受けている。しかし、次世代リーダーの育成が今後の課題として認識される。

⑤ 事業体制と技術導入

品質管理は徹底されており、優良な菌種およびオーガニックな菌床を用いた大量栽培を実施している。また、国内においても希少な自動パック詰め機を導入するなど、技術的な先進性が認められる。設備および施設は適切に管理されており、厳格なトレーサビリティのもとでオーガニック椎茸を消費者に提供している。

⑥ 環境分析

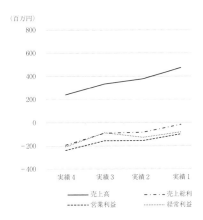

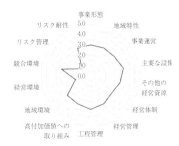

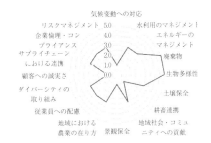

図3-10 「菌床きのこ栽培」D農業法人の経営動向・定性評価結果
出典：筆者作成

地域連携および地産地消、食育体験、施設見学および収穫体験など、社会貢献活動に積極的に取り組んでいる。一方、椎茸市場は飽和状態にあり、国内産地間競争では競争優位性を確保することが課題となっている。

⑦　リスク管理

　市場競争における耐性向上が求められるが，商品の差別化は依然として困難である。外部要因によるリスクの軽減は容易ではなく，補助金に依存しない事業継続の戦略が必要とされる。

⑧　ESG 関連要素

　B 農業法人は，対外的に公表可能な BCP（事業継続計画）や説明資料は整備されていない。経営管理手法に一定の優位性は認められるが，グループ会社からの支援に依存している現状が課題として残る。

4)　経営課題

　定性評価に基づき，財務分析では明確にならなかった以下の2点の課題が明らかとなった。

経営課題への対応

　事業継続が課題となるなか，補助金や交付金の対象外となる作物を扱っているため，経営は防衛的な姿勢を強いられている。高度に環境制御された施設での菌床栽培により，事業ドメインは明確であるが，販売価格の低迷や環境制御コストの増加が経営に対する大きな圧力となっている。親会社の指導のもと，内部統制や生産体制の健全性は維持されているが，厳しい経営環境に直面している状況である。

販売戦略の再検討

　販売価格が十分に向上せず，販売戦略が経営の命運を左右する重要な要素となっている。イノベーションの余地は限られており，明確な販売戦略が必要とされている。事業計画によっては成長の可能性が見込まれるが，現時点では新規投資資金を吸収する余力が不足している。同法人にとって最大の経営課題は，新規顧客の開拓と販売価格の向上であり，とりわけ販売戦略の再

構築と販売単価の引き上げが事業の持続可能性を高めるために不可欠である。

5) 事業の持続可能性の考察

生産性分析と販売分析を基軸として検証を行った。環境制御型の農業では年間フル生産量を推定することが可能であり，これに，平均販売単価を乗じることで目標とすべき売上規模を試算できる。複数条件下でシミュレーションを行った結果，赤字決算からの脱却が可能であり，安定的な借入返済を維持できるキャッシュ・フローが期待できることが確認された。

経営課題の解決には，自社商品の競争優位性を再認識し，既存販売先に対する適切な価格転嫁を実行する必要がある。そのためには販売先や安定供給先の変更が不可避であり，生産設備の適切な更新と生産体制の改善が求められる。同社は創業当初から生産管理の詳細なデータを蓄積しており，廃菌床率や収穫ロスのコントロール，販売実績データと商品アイテムごとの分析を詳細に行ってきた。この分析結果をもとに，販売戦略と商品戦略が統一的に機能していることが明らかになった。また，製造原価の詳細な分析を通じ，コストアップに積極的に対応する施策が検討され，その実施時期と効果が事業計画に反映されている。その結果は表3-12と図3-11に概要を示す通りである。

Ｂ農業法人の事業予測は，包括的かつ客観的な要素を備えており，事業の成功可能性を裏付けるものである。このことにより，環境制御型農業を評価するための要件をすべて満たし，経営戦略を立案するための確かな基盤を形成している。

6) 投融資先としての魅力

近年，Ｂ農業法人では，経営会議の活性化と金融機関との連携により，アクションプランが実行され，販売戦略の見直しが進められている。環境制御型農業を営む企業においては，設備投資やメンテナンスの継続が不可欠であり，生産の安定性と品質向上が重要視される。しかし，その実現には常に追

表3-12 「菌床きのこ栽培」B農業法人の事業実績と事業想定
(百万円)

	実績4 20XX	実績3 20XX	実績2 20XX	実績1 20XX	想定1 20XX	想定2 20XX	想定3 20XX	想定4 20XX	想定5 20XX
売上高	241.0	334.2	378.0	474.1	514.6	564.4	594.9	594.9	594.9
売上総利益	-192.1	-89.8	-82.6	-16.0	43.5	86.8	118.4	107.6	108.6
営業利益	-237.0	-154.9	-154.1	-98.0	-42.4	-5.8	21.7	10.9	11.9
経常利益	-205.5	-86.0	-126.3	-80.9	-22.6	14.7	42.9	32.7	34.4
総資産	1,348.6	1,424.5	1,326.3	1,243.7	1,171.9	1,093.2	1,039.3	969.4	861.3

(百万円)

	NOPAT	正味運転資本投資	減価償却費	設備投資	FCF
20XX	17.9	18.1	83.2	0.0	83.0
20XX	36.2	11.1	82.0	0.0	107.1
20XX	29.0	0.0	80.6	0.0	109.6
20XX	29.6	0.0	79.6	0.0	109.2
20XX	36.8	0.0	68.8	0.0	105.6
永続フロー	36.8	0.0	68.8	68.8	36.8

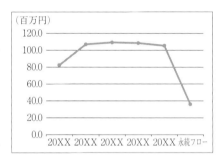

図3-11 「菌床きのこ栽培」B農業法人のフリーキャッシュ・フローの想定と推移
出典：筆者作成（開示資料をもとに推計）

表3-13 事業価値評価結果
(百万円)

事業性に関する判定	対象法人
事業価値	936.4
事業投下資本	1,195.8
のれん相当額	-259.4

出典：筆者作成（開示資料をもとに推計）

加的な投資が伴う。このため同社の収益力の源泉は，生産性を限界まで高めることと，明確な販売戦略を構築にあると考えられる。

本評価では，提出された事業計画の実現可能性を重視し，事業投下資本を上回る事業価値を算定している。持続的な成長を実現するための経営能力が期待されており，その評価が

企業としての魅力をさらに高めている。

7) 事業価値評価の方針

本評価では，過年度の事業実績，具体化された販売計画および生産計画に基づき評価を行った。貸借対照表を基に時価ベースで事業投下資本を分析するネットアセット・アプローチを採用した。また，損益計算書計画に基づきFCF を算出し，WACC を用いて現在価値に割り引くことで，インカム・アプローチによる事業価値を評価した。さらに，類似会社比較法も併用し，多角的な評価を実施した。

評価の結果（表3-13），インカム・アプローチによる分析がネットアセット・アプローチを下回り，のれん相当額がマイナスであることが確認された。同社の事業予測は包括的かつ客観的な要素を備えているが，事業の持続可能性を評価するためには定期的なモニタリングが欠かせない。事業価値は936.4百万円と算定された。最終評価は投資対象として「Fair」と評価された。

(3) 畜産農業「酪農業」自給飼料と安定的な販売戦略による持続的経営を進めるC法人

1) 事業データと概況

C農業法人は，売上高1,522百万円，営業利益22百万円，経常利益28百万円，総資産3,683百万円を有し，1,800頭の乳牛を飼養し，660haの圃場で自給飼料を確保して生産効率を高め，生産の安定化に努めている。また，生産性向上を目的に自動化を進め，積極的な設備投資を行うことで業界をけん引しつつ，A2ミルクの普及を目指している。

2) 財務分析：収益性が低く，借入依存度が高い

近年，当該企業は積極的な設備投資を行った結果，償却負担が増加しており，収益性は業界平均を下回る水準にとどまっている。ただし，償却前純利益については黒字を確保している点が注目される。一方，設備投資の原資と

して借入金を活用したことにより，借入依存度が高い水準にあることが指摘される。しかしながら，これらの借入金は現預金として企業内に滞留しているため，流動性比率は高く維持されている。この状況は短期的な資金繰りには一定の余裕をもたらしているが，今後，設備投資に対する支払いが進むにつれて，流動性比率は段階的に低下していくことが見込まれる。

3）　定性評価

農業法人の価値を評価する上で，事業継続性が最も重要視される。この継続性を支えるためには，事業実績に裏付けられた成長性，地域社会との良好な関係，そして持続可能な農業技術の導入を含む包括的な視点が欠かせない。同社はこれらを踏まえた現実的で信頼性の高いプロジェクションを可能にしている（図 3-12）。

①②　基本情報と事業形態と地域特性

C 農業法人は，酪農を営む農業法人である。農業類型は中間農業地域の畑地型であり，畜産農業が盛んな地域であり，小規模経営は淘汰され，大規模経営による集約化が進んでいる。

③　事業基盤

C 農業法人では，自給飼料を 660ha の圃場で生産し，1,800 頭の乳牛を飼養している。敷料にサンドベッドを導入して飼育環境を整備し，国内初の農場 HACCP 認証を取得するなど先進的な取り組みを実施している。また，近年では A2 ミルク対応設備への投資に注力しており，積極的な先行投資を続けている。

④　マネジメント

地域社会との連携を重視し，商品開発や販売チャネルの展開を積極的に推進している。さらに，ESG（Environment, Social, Governance）への取り組み

第3章　農業法人に対する企業価値評価の事例　　129

を通じた社会的価値創出にも取り組んでおり、経営意欲の高さが評価されている。

⑤　事業体制と技術導入

計画的な設備更新を進め、既存畜舎と新設畜舎が適切に運営されている。飼養管理やシステム化を通じて生産性向上を図り、投資採算性の検証も継続的に行われている。

⑥　環境分析

飼料生産から肥育、搾乳、堆肥活用までを地域全体で一体的に運営し、金融機関との関係も良好である。A2ミルク市場で確固たる地位を築き、独自のビジネスモデルにより安定した経営基盤を維持している。

⑦　リスク管理

事業運営は高いレベルにあり、自給飼料を活用することで生産コストの上昇リスクを抑えている。付加価値を念頭に置いた商品戦略が好循環を生み出し、経営全体を支えている。

⑧　ESG関連要素

完成度の高い事業継続計画（BCP）を策定しており、重要業務の影響度評

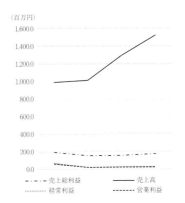

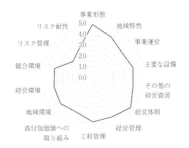

図3-12　「酪農業」C農業法人の経営動向・定性評価結果

出典：筆者作成

価や復旧時間の見積もりが行われている。こうした先進的な取り組みにより人材確保にも成功しており，これが安定した経営基盤の確立につながっている。

4）　経営課題

コスト増加への対応

飼料価格の高騰や燃料費の上昇は経営に大きな影響を与えていることに加えて，積極的な設備投資を借入金で賄っている状況では，償却負担や金利負担が収益性低下を招く可能性がある。これに対応するため，中期経営計画に基づいた経営方針の浸透と管理体制の強化が必要である。「イノベーター」としての立場を活用し，新たな事業戦略を採用することで，収益性の改善，コスト管理の強化，新市場の開拓に注力しなければならない。これには，既存の販売戦略の見直しや新しい流通チャネルの模索も含まれる。

中長期の事業計画の確実な実行

設備更新の投資シミュレーションや生産性分析を積極的に行い，ステークホルダーとの信頼構築を図っている。特に，経済状況を考慮した長期的な収益予測や資金計画の策定が進められており，利害関係者への説明責任を果たすだけでなく，内部での意思決定の透明性と一貫性が高まっている。一方で，現状認識の精度を上げる必要があり，乳価の推移や他牧場との比較分析，酪農政策の方向性など，将来予想のための具体的なデータ収集の強化が課題である。これらの情報を活用し，現場改善やリソース配分の最適化が戦略転換の鍵となる。

5）　ストックとフローの指標についての視点

ストックとは，過去から現在までの事業活動の結果として蓄積された資産や負債などを示す指標であり，一方，フローは一定期間における事業の実績を示し，将来の成長や収益の実現可能性を含む指標である。創業期の企業や

第3章　農業法人に対する企業価値評価の事例　　131

表 3-14　「酪農業」C 農業法人の事業実績と事業想定

(百万円)

	実績4 20XX	実績3 20XX	実績2 20XX	実績1 20XX	想定1 20XX	想定2 20XX	想定3 20XX	想定4 20XX	想定5 20XX
売上高	991.3	1,013.3	1,294.1	1,522.0	1,670.0	2,045.0	2,253.0	2,572.0	2,753.0
売上総利益	194.7	154.3	157.3	175.0	125.0	237.0	335.0	470.0	533.0
営業利益	59.3	20.7	21.8	22.0	-41.0	45.0	126.0	242.0	286.0
経常利益	68.4	21.8	25.8	28.0	-42.0	38.0	118.0	235.0	279.0
総資産	1,504.1	2,310.3	2,370.2	3,683.0	3,873.0	3,779.0	3,633.0	3,632.0	3,700.0

(百万円)

	NOPAT	正味運転資本投資	減価償却費	設備投資	FCF
20XX	27.5	22.0	200.0	145.0	60.5
20XX	45.5	26.0	214.0	138.0	95.5
20XX	53.4	17.0	234.0	80.0	190.4
20XX	61.2	23.0	243.0	80.0	201.2
20XX	62.4	15.0	232.0	80.0	199.4
永続フロー	62.4	15.0	232.0	232.0	47.4

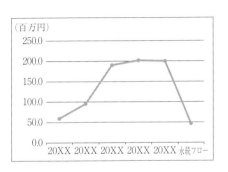

図 3-13　フリーキャッシュ・の想定および推移

出典：筆者作成（開示資料をもとに推計）

積極的な設備投資が先行する企業では、創業赤字や償却負担により一時的に債務超過に陥ることがある。これは成長フェーズ特有のものであり、必ずしも企業の持続可能性を否定するものではない。そのため、こうした企業の事業価値を評価する際には、過去の成果を表すストックだけでなく、将来の収益や成長を示すフローを慎重に分析することが求められる。一方で、債務超過が過去の経営失敗に起因する場合には、①将来収益による補填可能性、②金融支援による再起可能性、③再起が困難な場合の廃業の必要性、を検討する必要がある。ストックとフローのどちらを重視するかは、企業の成長フェーズや経営状況によって異なるが、一般的に創業期にはフローが重視さ

表 3-15　事業価値評価結果

(百万円)

事業性に関する判定	対象法人
事業価値	1,333.8
事業投下資本	2,672.0
のれん相当額	-1,338.2

出典：筆者作成（開示資料をもとに推計）

れ，企業の業歴が長く安定するにつれてストックの重要性が増していく。同社のプロジェクションは，表 3-14 および図 3-13 に示す通り，包括的で客観的な要素を備え，事業の成功可能性を裏付けるものであり，酪農業を事業として評価するために必要な要件を満たしている。これにより，経営戦略の確固たる基盤を形成していると考えられる。

6)　投融資先としての魅力

C 農業法人は，地域や取引先との強固な連携を基盤とし，明確な戦略とリーダーシップを発揮してきた。この結果，地域の重要企業としての地位を確立している。さらに，先進的な取り組みを継続し，「オンリーワン構想」の実現に向けた努力が高く評価されている。これらの取り組みにより，事業基盤の強化と持続可能な成長が推進されている。同時に，多様な販売チャネルを活用することで，事業の持続可能性をさらに高めるポテンシャルを有している。また，経営管理の強化を通じて，経営環境の変化にも柔軟に対応可能な体制を構築しており，持続的な成長と競争力の向上が期待される。

7)　事業価値評価の方針

本評価では，評価結果として，インカム・アプローチによる事業価値はネットアセット・アプローチを下回り，のれん相当額がマイナスであることが確認された（表 3-15）。この状況は，同法人が近年の事業構造転換による実質的な創業期にあることを踏まえると，成長ステージにあると考えて差し支えないと判断される。実質的な創業期においては，設備投資が先行するため，短期的には収益性や資本効率が低下する一方で，将来のフローの拡大が期待される。さらに，評価結果は，同法人が現在，投資成果の回収段階にあることを示唆しており，事業の持続可能性を裏付ける内容となっている。こ

れらを踏まえ，事業価値評価を適切に維持し，さらなる成長を促進するためには，定期的なモニタリングを通じて事業進捗を分析し，投資の妥当性や将来的な価値創造の可能性を継続的に検証することが求められる。最終的に，事業価値は 1,333.8 百万円と算定され，投資対象として「Positive」と評価された。

注

1) 一般財団法人日本不動産研究所「田畑価格及び賃借料調」を参照の上，企業情報の秘匿の観点から数値の修正を加えた。

第**4**章
持続可能な取り組みが
農業経営の経済的成果に与える影響

吉 田 真 悟

1　持続可能な取り組みは農業経営にどのような影響を与えるのか？

(1)　研究課題

　前章では農業法人に具体的に企業価値評価のフレームワークを適用した事例を見てきた。本章の目的は，第1章第5節で整理した農業法人の持続可能な取り組みが，農業法人の企業価値に影響し得るのかを検証することである。企業価値向上の源泉は長期的なキャッシュ・フローの増加やビジネスリスクの低減である。大企業における CSR の文献レビューによれば，CSR によるビジネスリスクの低減効果はかなり頑健であるが，CSR の経済的成果への正の影響については結果が分かれている（Gillan et al., 2021）。ただし，中小規模の農業法人を対象とした研究はほとんど報告されていないため，本研究ではその点を定量的に検証する。

　まず，長期的なキャッシュ・フローの増加とは，農業法人にとって，土地や労働力，販路などの制約の中でいかに事業規模を効率的に拡大するかという課題とも考えられる。持続可能な取り組みが多様な経営資本の改善という価値創造を実現しているならば，そうした取り組みが事業規模の拡大を支えることができるはずである。次に，農業法人の超長期的なビジネスリスクとして事業継承の成否が挙げられる。適切な後継者を確保することの目的は，事業継承時に企業価値を棄損しないこと，さらに，「事業承継後の経営革新」

という第二創業（栗井，2021）を実現すること，にある。持続可能な取り組みによる後継候補者の確保のメカニズムは，リーダーによる規範的な行動が従業員の働くモチベーションを高めるという倫理的リーダーシップ理論（Brown and Treviño, 2006）から説明できる。また，社会の役に立つというプロソーシャル（向社会的）モチベーションの向上が従業員の組織コミットメントを高めるという結果（Grant, 2008）や CSR 活動が従業員の職務満足を向上させるという結果もある（Pérez et al., 2018）。そこで，第 2 節では農業法人に対するアンケート調査結果を用いて，持続可能な取り組みと経営展望（規模拡大の展望，後継候補者の確保）との関係を明らかにした。さらに，持続可能な取り組みの規定要因としてダイナミック・ケイパビリティという組織能力に着目して，その効果を検証した。

　また，農業経営にとって長期的な課題だけでなく，短期的な社会経済的ショックも企業価値を大きく棄損するリスクとなる。新型コロナウイルス感染症の感染拡大（コロナ禍）や世界的な物価高騰による生産コストの増加といったショックは，程度の差はあるがほとんどの農業経営に影響を及ぼしている。一方で，こうしたショックを受けた状態からもとの健全な経営に戻る能力をレジリエンスと呼び，このレジリエンスには経営間で大きな差があると予想される。その理由は，レジリエンスを発揮するには様々な経営資本を動員する必要があり（Meuwissen et al., 2018），その蓄積状況に経営間の差があるためである。先行研究によれば，経済状況の不確実性が高い時期に CSR の経済的効果が高まり（Borghesi et al., 2019），社会的な経営目標を持つほどイノベーションが活発になる（Stephan et al., 2019）。よって，持続可能な取り組みは，まさにそのレジリエンスの基礎となる経営資本の蓄積を通じて，社会経済的なショックからの短期的な「回復力」と，さらなる社会の変化への「対応力」に影響すると予想される。そこで，第 3 節では第 2 節よりも対象の広い農業者向けアンケート調査結果を用いて，持続可能な取り組みと経営のレジリエンスの関係を解明した。

(2) 分析枠組み

　第2節では日本農業法人協会が2020年度に実施した農業法人実態調査のアンケート結果を用いる。配布数は2,044法人，返送された調査票1,149法人のうち，売上高または従業員数が極端に大きいサンプルを外れ値として除外した927法人（回答率45.4%）を分析に用いる。持続可能な取り組みに関して，環境・社会・ガバナンスに関する11の取り組みに対する経営者の主観的評価（3「積極的に取り組んでいる」，2「どちらかといえば取り組んでいる」，1「ほとんど取り組みはない」）を把握し，その合計得点をESG関連活動指標とした。次に，経営展望の指標として，今後の作付面積・飼養頭羽数の方針（「拡大したい」「現状維持」「縮小したい」），および，農業後継候補者の有無（「いない」「一人いる」「複数いる」）を把握した。また，企業による持続可能な取り組みを進めるには，企業自身が社会経済環境の変化に合わせて経営資源を再編する組織能力を備える必要があると考えられ，こうした能力をダイナミック・ケイパビリティ（Dynamic Capability, DC）と呼ぶ（Teece et al., 1997）。昨今のSDGsという概念の浸透度合いをみても，企業の持続可能な取り組みに対する社会の要請は急激な環境変化と考えられ，DCは農業法人にとっても重要な組織能力であるといえる。そこで，「新型コロナ以外のここ5年間の様々な環境変化（農政転換，気候変動，自然災害，経営内部の変化など）に合わせて，経営方針や管理方法を柔軟に変えていけましたか？」という質問に対して7項目（詳しくは図4-2下段参照）について経営者の主観的評価（1「ほとんど変えていない」〜5「積極的に変えてきた」）を把握し，その合計得点をDCとした。経営展望と持続可能な取り組みの関係については順序ロジスティック回帰分析を用いた。ESG関連活動とDCの関係については，ESG関連活動の経験がDCに影響する可能性を考慮して，DCの内生性に対応する必要がある。そこで，操作変数を用いた二段階最小二乗法を用いる。操作変数にはトップマネジメントチームのアントレプレナーシップの強さを「役員の平均年齢の低さ」，チームの経営管理能力の高さを「役員の平均年収の高さ」でそれぞれ代理させた。

138

　第 3 節では，2022 年度に日本政策金融公庫が公庫利用者に対して実施し
たアンケート調査の結果を用いる。回答者数は 6,772 件（回答率 23%）であ
り，営農類型別に一定程度のサンプルを確保できた稲作，野菜作，酪農およ
び肉用牛の回答（4,604 件）を分析する。本調査では環境・社会に関する 25
種類の取り組みの有無を把握しているため，農業者が実践する活動の軸
（テーマ）を明確にするために因子分析を行う。その理由は，過去の研究で
は取り組み間の相互関係が考慮されておらず（De Olde et al., 2016），その取
り組みに対する農業者の戦略的な意図をくみ取れていなかったためである
（Coteur et al., 2016）。第 3 節で取り組みの軸を明確にすることで，農業者の
取り組みの意図とレジリエンスの関係の理解が深まるだろう。次に，レジリ
エンスについて，回復力を表す 4 項目（業況判断，資金繰り，生産コスト，
今後の展望）および対応力を表す 5 項目（経営規模の拡大，新規販路の開拓，
新規事業の開始，新規農作物の導入，最新の生産技術導入）に対しても因子
分析による指標化を行う。最後に，持続可能な取り組みがレジリエンスに与
える影響を明らかにするために回帰分析を適用する。

2　ESG 関連活動が経営展望に与える影響

(1)　ESG 関連活動のダイナミック・ケイパビリティの指標化

　11 項目の ESG 関連活動指標のサンプル平均を図 4-1 に示した。平均値の
高い取り組みは「安全性とトレーサビリティ」「定期休暇の確保」であり，
「労働安全の確保」および「法令順守と企業倫理の浸透」がつづく。これら
は農業法人に広く浸透した概念といえる。反対に，平均値が低い項目は環境
に関する項目であり，農業法人にとって生物多様性や里山保全，水質・土壌
保全への取り組みのハードルは高いことがうかがえる。その他では，ガバナ
ンスにおける「社会および環境貢献の目標設定と周知」の取り組みに関する
平均点も低く，まだ社会・環境関連の取り組みを経営計画や戦略に取り込む
という段階にはない，または，実際に持続可能性に関わる活動をしていても

第 4 章　持続可能な取り組みが農業経営の経済的成果に与える影響　　139

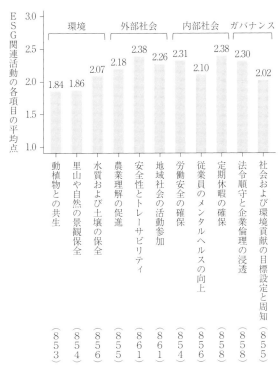

図 4-1　ESG 関連活動の各項目の平均点
注：括弧内は各項目の回答数
出典：筆者作成

経営者にその自覚や理解が乏しいことが課題と考えられる。また，内部社会における「従業員のメンタルヘルスの向上」も他の取り組みと比較して平均値が低い。以上の 11 項目の合計得点を ESG 関連活動指標（最小 11，最大 33）としてそのヒストグラムおよび全体の平均値を図 4-2 に示す。平均値は 23.69 であり，分布の形状から法人間の ESG 関連の取り組みへの積極性にはばらつきがあることがわかる。

図 4-2 にはダイナミック・ケイパビリティ（DC）に関する 7 項目の平均値およびそれらの合計である DC 指標のヒストグラムをも示している。平均値はすべて 3 を超えており，全体として環境変化に積極的に対応してきたと

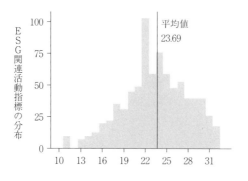
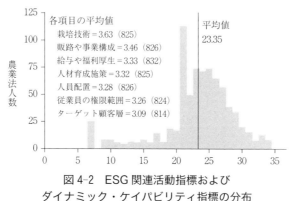

図4-2　ESG 関連活動指標および
ダイナミック・ケイパビリティ指標の分布

注：n=826
出典：筆者作成

いえる。ただし，その中でも栽培技術（3.63）の工夫や転換を多くの法人が図る一方で，ターゲット顧客層（3.09）の方針転換には慎重であるという農業法人の特徴があらわれている。DC 指標の平均値は 23.35 であり，ESG 関連活動指標と同様に法人間でのばらつきは大きい。追加分析として ESG 関連活動指標と DC 指標の相関係数を算出すると 0.30（p<0.01）であり，正の関係が示唆された。

(2) ESG 関連活動と経営展望

ここでは ESG 関連活動指標と規模拡大の展望および農業後継者の確保の

第 4 章　持続可能な取り組みが農業経営の経済的成果に与える影響　　　141

表 4-1　主な変数の記述統計

変数		n	平均値	標準偏差	Min	Max	備考
役員の平均年齢		773	51.57	10.59	20	90	（歳）回答者が役員の平均年齢を回答した結果
役員の平均年収		746	5.11	2.77	0	45	（百万円）回答者が役員の平均年収を回答した結果
売上高		924	3.08	8.5	0.001	144	（億円）2019 年度の売上高
操業年数		886	22.18	13.04	1	90	（年）法人設立年次をもとに計算
事業数		924	1.97	1.62	0	8	（事業）以下の項目の選択数＝食品加工・製造，流通・販売，観光農園・教育ファーム，直売所経営（自家生産分のみ販売），直売所経営（仕入あり），消費者への直接販売，飲食店経営，作業受託，農泊，その他
生産部門数		924	2.03	1.15	1	8	（部門）以下の項目の選択数＝稲作，畑作，露地野菜，施設野菜，工芸農作物，果樹，露地花き，施設花き，きのこ，その他耕種，酪農，肉用牛，養豚，採卵鶏，ブロイラー，その他畜産
		n	割合				
規模拡大の展望	縮小したい	23	2.6				（%）「作付け面積・飼養頭羽数の意向」への回答
	現状維持	409	46.0				
	拡大したい	458	51.5				
後継候補者の人数	いない	345	39.9				（%）「現在あなたの経営には後継候補者がいますか？」への回答
	一人いる	341	39.4				
	複数いる	179	20.7				

注：1) 売上高は最大値と最小値の幅が広く外れ値の影響を強く受ける可能性があるため，回帰分析においては対数変換した値を用いる。
　　2) リスク対応度について，回答者は自社にとって大きなリスクだと思われる項目を選択した後に，そのリスクへの対応状況を回答している。
出典：筆者作成

関係性に着目する。まず，表 4-1 は後述の回帰分析に用いる変数の記述統計を示している。DC の操作変数に用いる役員の平均年齢は 51.57 歳，平均年収は 511 万円である。制御変数である操業年数の平均は 22.18 年で，事業数

および生産部門数の平均はそれぞれ 1.97，2.03 である。規模拡大の展望（作付面積・飼養頭羽数の意向）について 51.5% が拡大したいと考えていた。また，農業後継候補者の確保（後継候補者の人数）について 39.9% は後継者がいない一方で，20.7% は複数の後継候補者が確保できていた。以上より，将来の規模拡大や経営の持続性に関する展望は法人間でかなりばらついている。

　そこで，ESG 関連活動指標と経営展望の関係性を順序ロジスティック回帰分析にて確認する。表 4-2 の二つのモデルは農業法人の経営展望と ESG 関連活動指標の関連を示している。まず，経営規模や操業年数などの影響を制御しても ESG 関連活動指標の係数は規模拡大の展望，後継候補者の人数ともに正で有意であることが確かめられた。つまり，ESG 関連活動に積極的な経営ほど，将来的な規模拡大に意欲的であり，さらに，安定して後継候補者を確保できている。これは，企業価値の二つの要素である，キャッシュ・

表 4-2　ESG 関連活動の経営展望に対する順序ロジスティック回帰分析

	規模拡大の展望		後継候補者の人数	
	係数	標準誤差	係数	標準誤差
ESG 関連活動指標	0.04	(0.02) *	0.05	(0.02) **
log（売上高）	0.17	(0.06) *	0.01	(0.06)
操業年数	-0.03	(0.01) ***	0.01	(0.01) *
事業数	0.05	(0.06)	0.06	(0.05)
縮小したい｜現状維持	-2.67	(0.85) ***		
現状維持｜拡大したい	1.35	(0.83)		
いない｜一人いる			0.86	(0.75)
一人いる｜複数いる			2.76	(0.76) ***
その他制御変数	YES		YES	
尤度比検定（p 値）	0.0001		0.0001	
NagelkerkeR2	0.175		0.111	

注：1) n=732
　　2) *p<0.05，**p<0.01，***p<0.001
　　3) その他制御変数の YES は地域ダミー，SDGs 理解度，リスク対応度，生産部門数，営農類型を説明変数に含んでいることを示す。
出典：筆者作成

第 4 章　持続可能な取り組みが農業経営の経済的成果に与える影響　　143

フローの増加とビジネスリスクの低減に ESG 関連活動が深く関わっていることを意味する。

(3)　ESG 関連活動とダイナミック・ケイパビリティ

次に，表 4-3 では操作変数法（二段階最小二乗法）で ESG 関連活動指標と DC の関連を明らかにした。DC の内生性を考慮するための二段階最小二乗法の第一段階の推定結果によれば，操作変数とした役員の平均年収と平均

表 4-3　ESG 関連活動指標にダイナミック・ケイパビリティが与える影響に関する回帰分析

		二段階最小二乗法			
		第一段階		第二段階	
		ダイナミック・ケイパビリティ		ESG 関連活動指標	
		係数	標準誤差	係数	標準誤差
	切片	24.48	(2.93) ***	15.33	(2.25) ***
	ダイナミック・ケイパビリティ			0.19	(0.09) **
	log（売上高）	0.06	(0.20)	0.17	(0.15)
	操業年数	-0.04	(0.01) **	0.01	(0.01)
	事業数	0.47	(0.14) **	0.22	(0.06) **
操作変数	役員の平均年収	0.33	(0.12) **		
	役員の平均年齢	-0.09	(0.03) ***		
	その他制御変数	YES		YES	
	クラスターロバスト標準誤差（営農類型）	YES		YES	
	調整済み決定係数	0.140		0.121	
	弱い操作変数の検定（F 検定）	F 値＝14.26,p 値＝0.000			
	Sargan 検定			p 値＝0.601	

注：1）n=573
　　2）*p<0.05，**p<0.01，***p<0.001
　　3）その他制御変数の YES は地域ダミー，SDGs 理解度，リスク対応度，生産部門数を説明変数に含んでいることを示す。
　　4）クラスターロバスト標準誤差の YES は営農類型ごとの誤差項の相関に対応した標準誤差を推定したことを示す。
出典：筆者作成

年齢の係数はともに統計的に有意である。つまり，トップマネジメントの能力（高い平均年収）やアントレプレナーシップ（低い平均年齢）がある法人ではDCも高い傾向がある。操作変数の強さに関する検定（F値が10以上が望ましい（Stock and Yogo, 2002））の結果をみても，操作変数の妥当性は高い。第二段階の結果によれば，DCのESG関連活動指標に対する係数は正で統計的に有意であったことから，DCの内生性を考慮しても，ESG関連活動とDCの間には正の相関関係があるといえる。つまり，ESG関連活動は社会経済環境の変化に積極的に対応してきた法人にこそ実践できる取り組みであり，だからこそそうした活動が安定的な発展に結び付いていると考えられる。

その他のコントロール変数について，事業数の係数が正であることから，経営の多角化はESG関連活動と密接につながっているといえる。DCの関連要因として，操業年数とDCには負の関係があり，法人設立から年数が経過するほど社会経済環境の変化に対応しづらくなるという傾向がみられた。これは，まだ若い法人は環境変化への対応に意欲的であるが，経験を重ねるほど組織が硬直化する可能性を示唆しており，組織の高齢化がESG関連活動の阻害要因になることを意味する。

(4)　ESG 関連活動を通じた経営発展への道筋

このように，ESGに関連した活動への積極性と農業法人の規模拡大意向や後継候補者の確保といった経営展望との間に正の相関関係が示された。経営規模の拡大とESG関連活動について，活動を通じた様々な経営資源の蓄積が規模拡大のきっかけとなる，または，規模拡大志向の強い経営者が従業員やステークホルダーの支持を得るためにESG関連活動に積極的になる，という主に二つの因果関係が想定される。ただし，どちらにしても規模拡大を果たすためにはESG関連活動が重要な役割を果たしていると言えるだろう。一方で，規模拡大志向のある経営者が，本業とは切り離された活動としてESG関連活動に取り組むことも想定できる。しかし，ダイナミック・ケ

イパビリティと ESG 関連活動との正の関係を考えれば，ESG 関連活動には高度な組織能力を求められるのであり，企業価値に全く結び付かない活動を実施するとは想像しがたい。

　次に，後継候補者の確保に関して，ファミリービジネスにおいて，CSR 活動が円滑な経営継承の手段として用いられるという議論がある。その理論的根拠は，CSR 活動を通じて経営者から後継候補者に対して経営に重要なネットワークを引き継ぎ，後継候補者がビジネス・コミュニティに参加する機会を与えるためである（Pan et al., 2018）。本節の分析結果は，中小の農業法人の場合でも，環境保全や社会貢献活動が後継候補者の確保や育成の重要な機会になっている可能性を示唆している。また，CSR 活動は従業員のモチベーションやスキルを高めるためにも重要な手段である。CSR 活動が従業員に与える影響として，モチベーションの向上（Pérez, et al., 2018），業務の生産性の向上（Jan et al., 2017），組織市民行動（自分の役割範囲外であるが組織に貢献する行動）の促進（Malik et al., 2021），離職の防止（Tymon et al., 2010）などが挙げられる。経営層の倫理的リーダーシップの発揮（本橋，2020）が従業員の意欲の向上につながることも示されている。また別の研究によれば，従業員のプロソーシャル・モチベーション（他者や社会に貢献することへの動機）を高めることが，従業員の業務満足や生産性にとって重要である（Grant, 2008）。後継者のキャリアパスの整備が後継者確保に重要だとすれば（梅本・山本，2019；山本ら，2019），農業法人における ESG 関連活動が従業員の長期的なキャリアパスの形成に貢献するなかで，そこから後継候補者が確保され，経営者の様々なネットワークや経営資源の継承が可能となると考えることができる。ただし，後継候補者が複数確保できるような人材が豊富な組織ほど ESG 関連活動に取り組みやすいという逆の因果関係についても引き続き検討する必要がある。

　また，ESG 関連活動への取り組みは決して法人の組織能力と無関係ではなく，次なるパラダイムシフトの一つである「持続可能性への配慮」に向けても，ここ数年間の様々な社会経済環境の変化に柔軟に対応してきた経験と

能力が有効活用されることが示された。さらに，DC が経営陣の能力やアントレプレナーシップと関連する一方で，操業年数が長くなるほど DC を維持することが難しくなる。つまり，DC は農業経営にとって競争優位の源泉となる希少な経営資源であり，それを基礎とする ESG 関連活動もまた農業法人の経営発展を支える手段となり得ることを示している。

3　持続可能な取り組みと経営のレジリエンス

(1)　持続可能な取り組みに関する農業者の軸

　本節では農業者による環境的・社会的に持続可能な取り組みについて幅広く検討する。表 4-4 によれば，取り組み割合が最も高いのは「生産履歴の記録」（54.6%）であり，それに「職場の労働安全確保」（48.5%）や「生産物の安全性確保」（45.1%），「農業・農村景観の保全」（40.6%）といった取り組みが続く。一方で，取り組み割合が 1 割未満の項目も多く，取り組みの方向性にはばらつきがみられる。

　そこで，農業者にとっての取り組みの軸を解明するために因子分析を行った。並行分析の結果，6 因子モデルが採用された。第一因子は職場の労働安全や給与水準，従業員のスキルアップなど内部社会に関する取り組みの因子負荷量が高く，それが同時に地域雇用の創出にもつながっており，これは「従業員への配慮」と呼べる。第二因子は，有機農業と化学物質の利用削減という環境に関する取り組みが，伝統野菜や食文化の維持，食育の推進，食品アクセス問題の解消など外部社会とも関わりながら実践されており，広く「食の課題解決」と定義できる。第三因子は，水と土壌への配慮に農業・農村景観の保全，地域の催事の維持という地域コミュニティへの取り組みが合わさっており「土地への配慮」と呼べる。第四因子および第五因子はそれぞれ，「耕畜連携への取り組み」と「生産物の安全性確保」が唯一の項目である。最後に，第六因子は，再生可能エネルギーの活用や温室効果ガスの削減という資源利用の効率化に地域資源の有効活用が組み合わされており「環

表 4-4　持続可能な経営活動に関する因子分析

		選択割合(%)	因子1 従業員への配慮	因子2 食の課題解決	因子3 土地への配慮	因子4 耕畜連携への取り組み	因子5 生産物の安全性確保	因子6 環境・地域資源の活用
環境	再生可能エネルギー利用	12.4	−0.09	−0.06	−0.09	−0.04	0.03	**0.68**
	温室効果ガスの削減	8.6	0.01	−0.07	0.25	−0.15	0.02	**0.46**
	環境に配慮した水利用	21.8	−0.10	−0.06	**0.58**	−0.17	0.01	0.19
	食品・作物の残渣利用	13.4	0.10	0.18	−0.07	0.00	0.04	0.29
	化学物質の利用削減	27.8	−0.03	**0.41**	0.07	−0.09	0.15	−0.03
	有機農業への取組み	26.3	−0.14	**0.53**	−0.09	0.03	0.17	−0.07
	土壌流出の防止	15.2	0.06	0.01	**0.53**	−0.13	0.05	−0.10
	耕畜連携への取組み	29.2	−0.11	−0.06	−0.03	**1.09**	−0.01	−0.19
	生物の生息場所の保全・創出	6.6	−0.02	0.28	0.35	−0.04	−0.01	0.02
外部社会	地域資源の有効活用	21.4	−0.08	0.16	0.07	0.29	−0.05	**0.41**
	農業・農村景観の保全	40.6	−0.11	−0.04	**0.69**	0.16	−0.08	−0.02
	生産履歴の記録	54.6	0.10	0.00	0.32	0.05	0.34	−0.11
	生産物の安全性確保	45.1	−0.06	0.13	−0.06	0.04	**0.98**	0.13
	地域の雇用創出	20.1	**0.55**	0.21	−0.07	0.00	−0.07	0.03
	動物福祉への配慮	6.6	0.13	−0.07	−0.04	0.35	0.13	0.16
	伝統野菜や食文化の維持	5.2	−0.04	**0.69**	0.09	−0.06	−0.08	−0.07
	地域の催事の維持	15.6	0.05	0.15	**0.41**	0.16	−0.06	−0.13
	食育の推進	15.6	0.09	**0.50**	0.10	0.07	−0.02	0.02
	食品アクセス問題解消	2.1	0.09	**0.46**	0.05	0.05	−0.15	0.16
内部社会	職場の労働安全確保	48.5	**0.41**	−0.14	0.24	0.04	0.14	0.09
	十分な従業員給与の確保	21.6	**0.68**	−0.07	0.00	−0.03	−0.03	0.00
	従業員のスキルアップ	25.2	**0.83**	0.06	−0.12	−0.05	−0.03	−0.07
	従業員の健康維持・改善	27.3	**0.72**	−0.06	0.06	−0.02	0.04	−0.07
	役員と従業員の意見交換	15.7	**0.76**	−0.02	−0.05	0.00	−0.02	−0.09
	多様な人材の活用	13.5	0.14	**0.42**	−0.10	−0.06	−0.03	0.05
累積寄与率			0.11	0.19	0.26	0.31	0.36	0.40

注：太字の数値は因子負荷量が 0.4 以上を示す。
出典：筆者作成

境・地域資源の活用」という軸があると言える。

　以上のように，農業者の取り組みの軸は従来的なサブテーマ（環境・社会）の枠を越えている。つまり，農業者の持続可能な取り組みを評価するにあたっては，一部のサブテーマや取り組みを取り上げるのでは不十分であり，

148

表 4-5　持続可能な経営活動に関する因子分析

			サンプル数	従業員への配慮	食の課題解決	土地への配慮	耕畜連携への取り組み	生産物の安全性確保	環境・地域資源の活用
営農類型	稲作	a	2180	−0.13	0.02	**0.22**	−0.12	−0.05	−0.04
	野菜作	b	1254	**0.26**	**0.18**	−0.24	−0.39	**0.13**	0.02
	酪農	c	595	−0.03	−0.23	−0.16	0.52	0.02	**0.15**
	肉用牛	d	575	−0.07	−0.25	−0.17	**0.79**	−0.11	−0.06
	多重比較			b > a*** b > c*** b > d***	b > a*** b > c*** b > d*** a > c*** a > d***	a > b*** a > c*** a > d***	d > c*** d > a*** d > b*** c > a*** c > b*** a > b***	b > a*** b > d***	c > a*** c > b** c > d***
				(b>a,c,d)	(b>a>c,d)	(a>b,c,d)	(d>c>a>b)	(b>a,d)	(c>a,b,d)

注：多重比較の不等号は営農類型別の平均値に有意差があることを示す（*p<0.1；**p<0.05；***p<0.01）。
出典：筆者作成

　その取り組みの基礎にある農業者の目的やビジョンにまで目を向ける必要がある。本節では6つの因子を総合的サステナビリティ指標と呼ぶ。

　最後に，上記の6つの因子に関して，営農類型別の特徴を表4-5で概観する。野菜作経営が「従業員への配慮」「食の課題解決」および「生産物の安全性確保」に最も積極的であることが示された。また，稲作経営は「土地への配慮」を牽引している。これは，稲作が水や土壌といった自然資本だけでなく，地域コミュニティとも強く関連した農業であることを示唆している。

(2)　農業経営のレジリエンスの実態

　農業経営のレジリエンスを指標化するため，回復力と対応力に分けて因子分析を行った結果を表4-6に示す。まず，業況判断や資金繰りといった回復力に関する設問において，「良くなった」「楽になった」と改善の傾向を示しているのは全体の10%未満であることがわかる。反対に，過半数の農業者は「悪くなった」「厳しくなった」という悪化の傾向を示しており，回復力につながるマネジメントの解明は喫緊の課題と言える。並行分析の結果に基

第4章　持続可能な取り組みが農業経営の経済的成果に与える影響　　149

表4-6　農業経営のレジリエンスに関する因子分析

			選択割合（%）	因子1	因子2
回復力	業況判断	悪くなった 変わらない 良くなった	56.8 33.5 9.7	0.97	
	資金繰り	厳しくなった 変わらない 楽になった	49.3 42.3 8.4	0.84	
	生産コスト	上がった 変わらない 下がった	67.9 23.3 8.8	0.50	
	今後の展望	悪くなる 変わらない 良くなる	67.9 23.3 8.8	0.71	
	累積寄与率			0.60	－
対応力	経営規模の拡大	予定なし 予定あり	61.3 38.7	0.35	0.09
	新規販路の開拓	予定なし 予定あり	73.4 26.6	0.66	-0.07
	新規事業の開始	予定なし 予定あり	89.2 10.8	0.64	-0.12
	新規農作物の導入	予定なし 予定あり	77.8 22.2	0.51	0.05
	最新の生産技術導入	予定なし 予定あり	60.9 39.1	-0.04	1.01
	累積寄与率			0.24	0.41

注：1）（回復力）質問文「本年（2022年）上期（1〜6）月の経営はいかがでしたか。」
　　2）（対応力）質問文「今後5年間の経営方針に当てはまるのはありますか。」
出典：筆者作成

づき採用された1因子モデルによれば、これら4項目が回復力という一つの軸を形成していることがわかる。

　次に、対応力は中長期的な経営の変化を意味している。経営規模の拡大や新規販路の開拓など5項目を把握し、各項目の「予定あり」の割合を見ると、1〜4割の農業者が何らかの変化を計画している。2因子モデルを適用させれば、第一因子は「最新の生産技術導入」以外の4項目の因子負荷量が高く

「多角化」指標と考えられる。第二因子は「最新の生産技術導入」のみの因子である。つまり，生産や事業の多角化と技術導入は別方向の対応力を表している。

(3)　持続可能な取り組みとレジリエンスの関係

表4-7では，総合的サステナビリティ指標と経営のレジリエンスの関係を回帰分析によって示した。まず，モデル(1)は回復力を被説明変数としており，「従業員への配慮」「食の課題解決」「環境・地域資源の活用」の3つの指標の係数が正で有意である。つまり，近年の社会経済的混乱からいち早く

表4-7　総合的サステナビリティ指標がレジリエンスに与える影響

目的変数		回復力	対応力	
			多角化	技術採用
		(1)	(2)	(3)
総合的サステナビリティ指標	従業員への配慮	0.078**	0.265***	0.187***
	食の課題解決	0.081**	0.316***	0.174***
	土地への配慮	-0.013	0.178***	0.259***
	耕畜連携への取り組み	0.025	0.178***	0.139***
	生産物の安全性確保	-0.017**	0.081***	0.150***
	環境・地域資源の活用	0.047***	0.240***	0.120***
営農類型基準：稲作	野菜作	0.414***	0.054	-0.111**
	酪農	-0.548***	-0.371***	-0.234**
	肉用牛	-0.184	-0.221**	-0.228**
回復力			0.026**	0.014
切片		-0.164*	-0.024	0.015
コントロール変数		YES	YES	YES
クラスターロバスト標準誤差（営農類型）		YES	YES	YES
サンプル数		4,604	4,604	4,604
調整済み決定係数		0.101	0.178	0.061

注：1）*p<0.1; **p<0.05; ***p<0.01.
　　2）コントロール変数には売上高，農業地域類型，法人化ダミー，地方類型を含む。
　　3）クラスターロバスト標準誤差のYESは営農類型ごとの誤差項の相関に対応した標準誤差を推定したことを示す。
出典：筆者作成

経営を立て直している農業者は特定の持続可能な取り組みに積極的だったと判断できる。なお、この間、営農類型の中でも野菜作は回復力が高く、酪農が低かったことも示された。さらに、野菜作については「従業員への配慮」という経営内部の働き方に関わる取り組みや、「食の課題解決」という環境・社会の問題への取り組みにも積極的であることが、さらにその回復力を高めていると考えられる。

次に、多角化と技術採用という二つの対応力に関して、すべての総合的サステナビリティ指標の係数が正で有意である。つまり、持続可能な取り組みは総じて短期的な回復力よりも中長期的な対応力と関連が深いと考えられる。多角化の場合、その中でもとくに係数が大きいのは、回復力と正の関係にあった「従業員への配慮」「食の課題解決」「環境・地域資源の活用」である。さらに重要な点は、回復力が多角化に正の影響を与えていることである。つまり、中長期的な経営の変化のためには、短期的な困難からの脱却が重要な役割を果たしており、その意味でも総合的サステナビリティ指標は回復力を通じて多角化にも強く影響している[1]。

対して、技術採用の場合、「土地への配慮」の係数が最も大きい。さらに、「土地への配慮」に積極的な稲作経営が最も技術採用に積極的であることも示されており、最新技術の導入には水や土壌への負担軽減だけでなく、地域の景観やコミュニティの維持に資することも重要視されていることがうかがえる。

（4） 持続可能な取り組みを通じた経営のレジリエンスの向上の可能性

ここまで、持続可能な取り組みが経営のレジリエンスと密接に結びついていることを示した。まず、社会経済的なショックからの短期的な回復力が持続可能な取り組みによって向上することから、こうした取り組みをリスクマネジメントの一手段ととらえることが可能となる。例えば、従業員の働き方の改善は、業績悪化の局面でも従業員の離職を防ぎ、積極的な経営参画を促

すことができる。また，食の課題解決に資するような，環境に配慮した農業
や有機農業，食育に関わる体験事業，地域の食品アクセス改善のための直売
事業などは生産物や事業の多角化を通じたリスク分散にもなるだろう。さら
に，この回復力はより長期的な経営の変革の基礎であることも明らかとなっ
た。

　その中長期的な対応力である多角化と技術採用への持続可能な取り組みの
影響はより顕著であった。つまり，持続可能な取り組みは，長い目で見て，
農業経営の在り方を大きく変えるイノベーションにつながっている可能性が
高い。このメカニズムとしては，まず，先述のような従業員への配慮が彼ら
のクリエイティビティを高め，多様な事業への挑戦がさらなる変化を促すと
いうプロセスが想定される。また，持続可能な取り組みの大きな目的である
「幅広いステークホルダーへの対応」によって，これまでの農業経営にはな
い様々なネットワークが形成され，そこで得られる知識や技術，ノウハウが
長期的に重要であると考えることもできる。

　最後に，経営のレジリエンスと深くかかわる持続可能な取り組みは，環
境・社会といった従来のサブテーマを超えた軸を持っていることが示された。
しかもそれは各営農類型で特色がある。つまり，企業価値という視点から各
経営の持続可能な取り組みを評価するならば，その経営が様々な活動を通じ
て達成したいゴールを的確に把握し，その取り組みの束の実効性を検証する
ことが最も重要だと言える。

　注
　1）　各サステナビリティ指標が「回復力」への影響を通じて間接的に「多角化」に
　　　影響する効果（間接効果）を検定した結果，「従業員への配慮」「食の課題解決」
　　　「環境・地域資源の活用」ともに正の間接効果（p<0.01）が認められた（Aroian
　　　test）。

　参考文献
本橋潤子（2020）「日本企業における組織の倫理風土と仕事の意味深さ―組織の視点
　　　からの実証と考察―」『日本経営倫理学会誌』27，pp. 61-74.

栗井英大（2021）「「第二創業」に関する研究展望」『長岡大学研究論叢』19, pp. 23-40.
梅本雅・山本淳子（2019）「農業法人における非家族型継承の特徴と課題」『農業経営研究』57(2), pp. 11-16.
山本淳子・梅本雅・綏鹿泰子（2019）「マネジメントの特徴から見た経営継承の諸類型―農業法人を対象として―」『農業経営研究』57(2), pp. 17-22.

Borghesi, Richard, Kiyoung Chang, and Ying Li. (2019). "Firm Value in Commonly Uncertain Times: The Divergent Effects of Corporate Governance and CSR." *Applied Economics* 51 (43): 4726-41.

Brown, Michael E., and Linda K. Treviño. (2006). "Ethical Leadership: A Review and Future Directions." *The Leadership Quarterly* 17 (6): 595-616.

Coteur, Ine, Fleur Marchand, Lies Debruyne, Floris Dalemans, and Ludwig Lauwers. (2016). "A Framework for Guiding Sustainability Assessment and On-Farm Strategic Decision Making." *Environmental Impact Assessment Review* 60: 16-23.

De Olde, Evelien M., Frank W. Oudshoorn, Claus A. G. Sørensen, Eddie A. M. Bokkers, and Imke J. M. De Boer. (2016). "Assessing Sustainability at Farm-Level: Lessons Learned from a Comparison of Tools in Practice." *Ecological Indicators* 66: 391-404.

Gillan, Stuart L., Andrew Koch, and Laura T. Starks. (2021). "Firms and Social Responsibility: A Review of ESG and CSR Research in Corporate Finance." *Journal of Corporate Finance* 66 (February): 101889.

Grant, Adam M. (2008). "Does Intrinsic Motivation Fuel the Prosocial Fire? Motivational Synergy in Predicting Persistence, Performance, and Productivity." *The Journal of Applied Psychology* 93 (1): 48.

Jain, Priyanka, Vishal Vyas, and Ankur Roy. (2017). Exploring the mediating role of intellectual capital and competitive advantage on the relation between CSR and financial performance in SMEs. *Social Responsibility, Journalism, Law, Medicine*, 13 (1), 1-23.

Malik, Saqib Yaqcob Y., Yasir H. Mughal, Tamoor Azam, Yukun Cao, Zhifang Wan, Hongge Zhu, and Ramayah Thurasamy. (2021). Corporate Social Responsibility, Green Human Resources Management, and Sustainable Performance: Is Organizational Citizenship Behavior towards Environment the Missing Link? *Sustainability: Science Practice and Policy*, 13 (3), 1044.

Meuwissen, Miranda P. M., Wim H. Paas, Thomas Slijper, Isabeau Coopmans, Anna Ciechomska, Eewoud Lievens, Jo Deckers, et al. (2018). "Report on Resilience Framework for EU Agriculture: Sustainable and Resilient EU Farming Systems (SureFarm) Project Report, Work Package D1. 1." Wageningen University & Research.

Pan, Yue, Ruoyu Weng, Nianhang Xu, and Kam C. Chan. (2018). The role of corporate philanthropy in family firm succession: A social outreach perspective. *Journal of Banking & Finance*, 88, 423–441.

Pérez, Sergio, Samuel Fernández-Salinero, and Gabriela Topa. (2018). "Sustainability in Organizations: Perceptions of Corporate Social Responsibility and Spanish Employees' Attitudes and Behaviors." *Sustainability: Science Practice and Policy* 10 (10).

Stephan, Ute, Petra Andries, and Alain Daou. (2019). "Goal Multiplicity and Innovation: How Social and Economic Goals Affect Open Innovation and Innovation Performance." *The Journal of Product Innovation Management* 36 (6): 721–43.

Stock, James H., and Motohiro Yogo. (2002). "Testing for Weak Instruments in Linear IV Regression." National Bureau of Economic Research Cambridge, Mass., USA.

Teece, David J., Gary Pisano, and Amy Shuen. (1997). "Dynamic Capabilities and Strategic Management." *Strategic Management Journal* 18 (7): 509–33.

Tymon, Walter G., Stumpf Jr, A. Stumpf, and Jonathan P. Doh. (2010). Exploring talent management in India: The neglected role of intrinsic rewards. *Journal of World Business*, 45 (2), 109–121.

第**5**章
持続可能な取り組みによる価値創造プロセス

吉 田 真 悟

1　ESG 経営と価値創造プロセス

(1)　研究課題

　自然環境や地域社会の中で営まれる農業において，経営独自の持続可能な取り組みはどのように企業価値の向上に貢献し得るのだろうか。価値創造プロセスの枠組み（図 5-1）で評価するならば，まず，事業活動とそのアウトプット（生産物や提供サービス）が多様な経営資本（財務，製造，知的，人的，社会関係，自然）に及ぼす影響（アウトカム）に着目すべきである。持続可能な取り組みとそのアウトカムとの関係を明らかにするため，第 2 節では，農業法人を対象としたヒアリング調査に基づく定性的な分析を行う。調査では各経営の持続可能な取り組みを幅広く把握した上で，そうした取り組みと経営が直面している経営課題との相互関係，取り組みによって蓄積・改善した経営資本の特定を行う。さらに，そうした経営行動を支える組織体制の在り方を検証する。

　一方で，こうした持続可能な取り組みと経営資本の関係を一般化するには，より多くのデータを活用した定量的評価が必要となる。さらに，これまでの分析では，企業価値の直接的な指標である財務パフォーマンスを分析に含めることができていなかった。そこで，第 3 節では，農業法人に対するアンケート調査結果を用いて，これまで以上に幅広く持続可能な取り組みを把握し，近年の経営資本の改善状況や財務パフォーマンスとの関係を解明する。

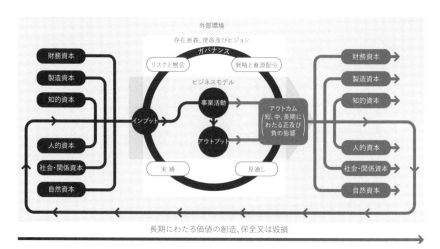

図5-1 価値創造プロセス

出典：Integrating Reporting〈IR〉(2021)

　また，企業のESG戦略を構成する環境・社会・ガバナンスという三つの要素から考えた場合，それぞれの要素はどのように企業価値の向上に貢献しているのか。この疑問を解消することは，農業法人の企業価値向上のプロセスを提示するためにも不可欠な研究課題である。そのためには，まず，環境や社会の持続可能性に直接関わる活動（持続可能な取り組み）とコーポレート・ガバナンス（CG）とを分けて考える必要がある。その理由は，一つには，CGは持続可能性のトリプル・ボトムラインにおいて経済性とその他の環境性・社会性とのバランスをとるために必要な要素だとみなせるためである（Sneirson, 2008）。さらに，環境的・社会的に持続可能な取り組みが共有価値の創造（Creating Shared Value）を実現するための必須の要素であるのに対して，後者のCGはCSVを実現するための基礎的条件であると考えられるためである（Menghwar and Daood, 2021）。

　そもそも，CGとは「ステークホルダーの利益を最大化するために，経営者に資源と利益の効率的な配分を促し，それを監督する制度」（江川，2018, p. 6）を意味する。具体的には，株主の権利の確保，株主以外のステークホ

ルダーとの協業（経営理念や経営戦略の策定，サステナビリティ課題への対応），財務および非財務情報の開示，経営陣の責務とモニタリング，リスクマネジメントなどが含まれる（東京証券取引所，2021）。とくに，「サステナビリティ課題への対応」はESG投資のフレームワークの中でマテリアリティ特定と呼ばれるプロセスに該当し，大企業や上場企業はこのマテリアリティ特定の結果の開示が推奨されている（東京証券取引所，2020）。なお，中小規模の農業法人の場合，そもそも経営理念を定めているか，財務情報に目を向けているか，役員会の責任権限は明確か，経営継承計画はあるか，という段階からハードルがあるだろう。他産業の中小企業も同様の課題を抱えている一方で，ガバナンス機能の充実が中小企業の投資や人材育成，効率化に影響していた（中小企業庁，2018）。しかし，農業において，組織のCGの水準を評価し，CGが果たす役割に着目した研究はほとんど見られない。

　CGの水準の高い企業は，実際に収益性が高く資本コストが低いという企業価値に結び付きやすい傾向がある（Zhu, 2014; AlHares, 2020; 加藤，2019）。また，持続可能な取り組みに関する情報開示というCGが資本コストを下げる傾向もある（Raimo et al., 2021）。総じて，ESGレーティングが高い企業ほど企業価値に対する投資家からの評価は高い（Giese et al., 2019）。ところが，既存のESGに関する定量的研究の多くは，CGと持続可能な取り組みとの本来の関係に配慮できていない。そこで，第4節では，第3節で用いたデータセットをもとに，CGと持続可能な取り組みの関係を解明する。さらに，CGの水準を引き上げる施策を明らかにするため，農業法人によるGAP (JGAPおよびGLOBALG.A.P.) への取り組みの効果を推計する。GAP (Good Agricultural Practices) とは，農畜産物を生産する工程で生産者が守るべき管理基準とその取り組みのことを指し，農業生産工程管理とも呼ばれる。その基準は農業生産の技術的項目だけでなく，経営者の責任や経営の見える化などCGに関わる取り組みも多く，近年ではSDGsとの関わりを明確に打ち出すなど，ESGとの関連は非常に深いと考えられる。

(2) 分析枠組み

　全国の農業法人 9 件へのヒアリング調査を 2022 年度に事業性評価研究所ならびに日本農業法人協会の協力を得て実施した。第 2 節ではその調査結果を用いる。主な調査項目は，実施している持続可能な取り組み，その取り組みの目的やきっかけ，取り組みの効果，である。調査対象の選定に関して，実践できる持続可能な取り組みは営農類型によって異なることを考慮して，野菜，果樹，稲作，畜産から複数事例を選定した。表 5-1 に調査対象法人の概要を示す。全ての事例で売上規模は 1 億円以上，役員と従業員，常勤パートや外国人技能実習生を合わせた人数は 10 名以上であり，比較的大規模な組織経営である。主な事業について，生産のみを行っている事例はなく，加工や販売，農業体験や直売所運営など多角的な経営を行っている。

　第 3 節では日本農業法人協会が 2022 年度に実施した農業法人実態調査のアンケート結果を用いる。配布数は 2,068 法人，返送された調査票 1,412 法人のうち，売上高または従業員数が極端に大きいサンプルを外れ値として除外した 1,205 法人（回答率 58.3%）を分析に用いる。持続可能な取り組みに

表 5-1　分析対象の

調査事例	野菜		果樹	
	A 法人	B 法人	C 法人	D 法人
生産物	トマト，青ネギ，みつば	ネギ	イチゴ	みかん
主な事業	生産／加工	生産／加工／直売	有機質肥料生産／販売 栽培指導 集荷／販売 摘み取り園	生産／集荷／販売／農産加工販売
売上高	2.5 億円	1.5 億円	3 億円	11 億円
従業員	（正）11 名 （パ）4 名 （技）11 名	（役）6 名 （正）11 名 （パ）6 名 （技）3 名	（役）5 名 （正）7 名 （パ）7 名	全体 90 名

注：（役）役員，（正）正社員，（パ）常勤パート，（技）外国人技能実習生
出典：筆者作成

関して，18 のサブテーマの中で 59 項目を設定し，各項目の実践の有無を把握した（詳細は表 5-5 を参照）。さらに，第 4 章第 2 節の結果から，持続可能な取り組みの軸となるテーマを明らかにすることの重要性が確認されたため，本章第 3 節でも 59 項目を用いた因子分析を行う。経営資本について，財務資本以外の人的・知的・製造・社会関係・自然資本について過去 5 年間の変化の主観的評価を 5 段階で評価してもらった。分析にあたっては，各経営資本の改善に潜在的に影響する組織能力を「価値創造力」と定義する。前掲図 5-1 の価値創造プロセスのフレームワークに従えば，この価値創造力は，有効なビジネスモデルによって蓄積された，経営資本を改善する力（正のアウトカム）と解釈できる。財務パフォーマンスの指標には経常利益率（5 段階：赤字＝1〜21% 以上＝5）と売上高成長率（3 段階：減収（-3% 以上）＝1，横ばい＝2，増収（＋3% 以上)＝3）を順序尺度として用いる。指標間の関係性を明らかにするために，構造方程式モデリングを採用する。図 5-2 のモデルが示すように，まず，5 種類の経営資本の変化に影響する潜在変数として価値創造力を特定する。次に，因子分析で特定された持続可能な取り組みが

農業法人の概要

稲作		畜産		
E 法人	F 法人	G 法人	H 法人	I 法人
稲作	稲作，野菜作	肉用牛	酪農	採卵鶏
米生産（有機）直売所運営	米・野菜生産／加工／直売所・レストラン運営	繁殖・肥育／飼料・堆肥生産	生乳／仔牛／和牛繁殖／堆肥販売／農業体験加工販売／飲食店	採卵／集荷／パッキング
1.2 億円	1.7 億円	33 億円	4.9 億円	55 億円
（正）8 名	（役）4 名 （正）11 名	（役）7 名 （正）30 名	（正）13 名	全体 45 名 （技）20 名含む

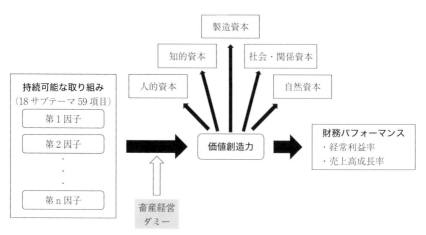

図5-2 持続可能な取り組みと財務パフォーマンスの関係の分析枠組み
出典：筆者作成

価値創造力に影響し，その価値創造力が経常利益率や売上高成長率に影響すると仮定する。なお，耕種経営と畜産経営では標準的な経営規模が大きく異なる（売上高の平均値・中央値は耕種経営で1.9億円・0.9億円，畜産経営で6.8億円・3.5億円）。よって，持続可能な取り組みの可否やその効果も大きく異なると想定して，各取り組みと畜産ダミーとの交差項をモデルに加える。

　第4節では第3節と同様のサンプルと因子分析で作成した持続可能な取り組みの軸の変数を用いる。さらに，CGの強化に関わる活動（CG活動）の実施状況を明らかにするために，CGに関する13の活動の実践の有無を把握する。この13項目に対しても因子分析を行うことでCG活動の軸を指標化する。また，環境問題や社会課題の経営への影響の把握やそれに対する実践であるマテリアリティ特定についても，別途13の活動の実践の有無を把握し，こちらは実践数を合計することでマテリアリティ特定指標とした。CG活動と持続可能な取り組みの関係は回帰分析を用いて分析する。こちらも第3節と同様にCG活動，マテリアリティ特定と畜産ダミーとの交差項を加えている。最後に，CG活動の規定要因としてのGAP認証（JGAPまたは

GLOBALG.A.P. の有無で把握）の効果を明らかにするために，傾向スコアを用いた二重にロバストな IPW 推定を行う（Kurz, 2022）。この推定方法は GAP 認証の取得に関する内生性のバイアスを，GAP 認証を取得する確率の推定結果を用いて補正した上で，GAP 認証の有無と CG の関係を明らかにする手法である。推定する効果は，処置群における平均処置効果（Average Treatment effect on the Treated, ATT）であり，すでに GAP 認証を取得している法人にとっての認証取得の効果を意味する。

2　持続可能な取り組みによる価値創造プロセス

(1)　持続可能な取り組みによる経営課題への対応

まず，分析対象の 9 法人による持続可能な取り組み（環境・社会）とそれに対応する経営課題を表 5-2 に整理した。A 法人を例に挙げれば，近年の肥料価格や燃料代の高騰に対して，独自のノウハウを用いて有機質肥料（下水汚泥）を活用し，ゴミの肥料化・燃料化で対応してきた。結果として，肥料代や燃料代のコストダウンを達成している。その他にも，全国的に農業における労働力不足が深刻になるなか，障がい者雇用で農福連携を推進し，同時に，JGAP の取得により労働環境の整備を進めてきた。その結果，障がい者でも健常者と同水準の作業が可能となり，給与水準も同等を保っている。以上のように，環境循環型の農業や農福連携といった持続可能な取り組みが，本業の経営課題と密接に結び付き，実際に経営にインパクトを与えていることがわかる。

その他の各事例が持続可能な取り組みによって対処している経営課題の傾向としては，労働力不足（A, B），人材育成・労働環境改善（C, D, E, H）という，人に関わるものが第一に挙げられる。その対応方法としては，JGAP や GLOBALG.A.P.，HACCP や ISO（A, B, C, D, E）といった生産工程管理の改善以外にも，新技術（水田直播）の導入（E），事業の多角化（H），キャリアプランの作成（D）や福利厚生の充実（B）など多様な方策が採用

表5-2　サステナビリティ活動が経営に与えた影響

事例	環境	社会	関連する経営課題	インパクト
A	・有機質肥料利用 ・ゴミの肥料化, 　燃料化		・肥料価格の高騰	・肥料代や燃料代のコストダウン
		・（外）農福連携 ・（内）JGAP	・労働力不足	・障がい者雇用を促進し,健常者と同レベルの作業効率,同等の給与を実現
B	・カット／乾燥野菜の開発		・生産物ロスの増加 ・生鮮野菜の販売量の不安定化	・加工製品によって販売量および販売額が安定
		・（外）農福連携 ・（内）JGAP	・労働力不足	・障がい者の仕事の質が安定し,正規雇用の予定あり
		・（内）産休／育休／介護休業制度の整備 ・（内）HACCP	・労働力不足 ・六次産業化のための人材確保	・女性が役員や加工部門長に就任 ・女性従業員がHACCPに対応 ・週休二日の実現
C	・食品廃棄物由来の土壌改良剤及び肥料の製造 ・病害虫対策の共同研究		・イチゴ農家に供給する資材の不足および病害虫への対応	・契約農家と共同出荷農家の拡大 ・農薬使用量の半減
		・（外）官民連携で地域の観光資源の開発	・イチゴ栽培指導の顧客開拓	・新会社に対してイチゴ栽培の指導者を派遣
		・（内）GLOBALG.A.P.	・規模拡大のための人材育成	・従業員の食や労働の安全に対する意識やノウハウの向上
D		・（外）加工用みかんの高価買取	・みかん産業の衰退や気候変動による集荷量の不安定化	・集荷量が安定
	・食品残差で加工品開発	・（内）HACCP／ISO ・（内）若手職員向けキャリアプラン作成	・大規模化にともなう若手従業員の育成の必要性の増加 ・廃棄物の処理コスト	・若手従業員の人材育成やキャリア形成による離職防止 ・外皮の90％を商品化

第5章　持続可能な取り組みによる価値創造プロセス　　　163

事例	環境	社会	関連する経営課題	インパクト
E	• 自然栽培（有機 JAS）	• （外）ノウフク JAS • （外）休耕地再生 • （外）食育・体験 • （内）GLOBAL G.A.P.	• 条件不利地域の農地活用 • 農作物の付加価値化	• 商品の付加価値化
	• 水田直播	• （外）離農者の農地の集積	• 農地集積に伴う作業量の増加 • 従業員の働き方改革	• 従業員の労働時間の削減 • 従業員のモチベーション向上 • 代かき時期を分散した農地集積
F		• （外）飲食店と直売所による地域振興	• 米の直接販売・付加価値化	• JA 以外の販路での米販売（売上高の85%を直接販売） • 他農家の米も販売開始
G	• 食品副産物や食品残渣を活用した飼料生産		• 飼料の外部依存と飼料費高騰	• 自家飼料を子会社向けに販売 • 飼料高騰に自家飼料で対応
	• 畜舎での太陽光発電		• 夏場の畜舎の環境悪化	• 夏場の断熱効果 • 配当金の分配
H		• （外）飲食店，酪農教育ファームやインターンシップの受け入れ	• 顧客とのつながり • 従業員のモチベーション	• 社会からの高い認知度の獲得 • 従業員の獲得や意欲の向上
I	• 鶏糞堆肥の無料散布		• 鶏糞の処理コストの増加	• 堆肥の全量処理を達成

出典：筆者作成

されている。次に，生産費に関する課題（A, G, I）には循環型農業の実現が鍵となっていることがわかる。なお，BやDも食品ロスを意識した食品加工に取り組んでいるが，Bは販売量・販売額の安定化，Dは商品開発による人材育成も同時に重視しており，類似した取り組みでも経営ごとにその目的や効果が大きく異なることがポイントである。

　また，社会や消費者との関係性に関する課題としては，付加価値化や顧客

開拓（C, E, F, H）が挙げられる。例えば，E は自然栽培と農福連携，休耕地再生や食育などを組み合わせて付加価値化につなげている。A が労働力不足の観点から農福連携に取り組んでいたように，同様の取り組みでも異なる目的があることがわかる。F や H は飲食店や直売所への多角化によって付加価値化を実現しており，これも地域振興や食育につながる持続可能な取り組みと評価できる。より広い問題意識を持っている例として，D は地域のみかん産業の衰退による集荷量の減少を懸念し，加工用みかんの高価買取を進めることで，結果として集荷量の安定化を達成している。

　以上より，持続可能な取り組みが経営にインパクトを与えるためには，経営課題と明確に結びつけた実践が重要であることがわかる。これは，まさしく持続可能な取り組みによる企業価値の向上に不可欠なマネジメントである。その場合，各取り組みはその実施目的と照らし合わせて評価すべきであり，必ずしも各取り組みに普遍的な効果を期待するものではない。

（2）　経営資本の蓄積・改善

　そこで，価値創造プロセスに引き付けて各経営の持続可能な取り組みを評価した結果を表5-3に示す。これによれば，様々な経営資本が持続可能な取り組みを通じて改善・蓄積していることがわかる。まず，財務資本については，コストダウンや生産物ロスの削減（A, B, D, E, G, I）などの財務の効率性が挙げられる。加えて，販売量の安定や販売価格の向上（B, D, F）という財務の安定性や成長性につながる事例もみられる。これらは直接的に企業価値の向上に結び付く成果である。次に，製造資本の蓄積事例はあまり多くはないが，各種認証制度の準拠した加工施設の整備（D）や地域の農地の集積が進んでいる事例（E）もあり，これも規模拡大を通じて企業価値に貢献するだろう。

　知的資本については，持続可能な取り組み自体に求められる知識や技術の習得（A, C, E, G, I）が該当する。こうした知的資本は取り組みのアウトプットであると同時に，この取り組みの競合他社による模倣を困難にすることに

表 5-3　経営資本の改善・蓄積

	財務資本	製造資本	知的資本	人的資本	社会・関係資本
A	肥料費・燃料費削減		有機質肥料活用の知識／技術	従業員のスキル向上	
B	生産物ロス削減販売量安定			従業員のスキル向上 女性従業員の人材育成	
C			イチゴ栽培の知識／技術	従業員のスキル向上	イチゴ農家ネットワークブランド化 自治体との信頼関係
D	生産量安定 廃棄コスト削減	ISO等に準拠した加工施設の建設		若手従業員の育成	地域農家との信頼関係
E	人件費削減	農地の集積	JAS（有機, ノウフク）の取得	従業員の意欲向上	ブランド化
F	販売価格の向上				ブランド化
G	飼料費削減 配当金収入	快適な畜舎	残渣利用の知識／技術		
H				従業員の意欲向上	ブランド化
I	堆肥処理費削減		堆肥散布の知識／技術		地域農家との信頼関係

出典：筆者作成

よって持続的な競争優位の実現にも貢献しており，企業価値向上の源泉とも評価できる。また，人的資本の改善・蓄積も持続可能な取り組みの重要なアウトプットであることがわかる。一般的に，持続可能な取り組みを通じて人的資源管理を実践することをグリーンな人的資源管理（Green Human Resource Management, GHRM）と呼ぶが，人材の獲得や育成，定着が喫緊の経営課題となっている農業法人においても，この GHRM の考え方が重視されていると考えられる。

　最後に，広く社会や消費者との関係構築を意味する社会・関係資本について，持続可能な取り組みは消費者からの認知向上やブランド化（C, E, F, H）

166

に貢献していることがわかる。持続可能な取り組みの推進にあたっては，「実際に儲けにつながるのか」という視点から厳しく評価されることも多いが，少なくとも先進的な農業法人においては，明確な問題意識のもと付加価値化が追求されている。また，農業者や自治体など消費者以外のネットワークや信頼関係の構築（C, D, I）も持続可能な取り組みの重要なアウトプットであることがわかる。これは間接的には自家生産肥料や堆肥の購入者や加工用農産物の供給者を安定して確保することにつながっている。

(3) 持続可能な取り組みを支える組織体制

持続可能な取り組みが企業価値の向上に貢献し得ることが示されたが，必ずしもすべての農業経営でこうした価値創造プロセスが実現しているとは考

表 5-4　サステナビリティ活動を

	組織トップのコミットメント	役員や従業員との経営課題の共有
A	• 有機農業技術の習得（有機質肥料の利用方法）とネットワーク（ゴミ活用の勉強会）の構築を継続。	• 全社員に対して定期的に経営情報を共有。
B	• 持続可能な取組に関するネットワーク構築（町のまちづくり協議会，県のベンチャー交流ネットワーク）。	• 女性が家族外役員に就任し，職場環境や女性の働き方に関する意見交換を積極的に実施。
C	• 経営塾で異業種とのネットワーク構築およびSDGsに関する知見の収集。 • 日本のイチゴ農家のネットワーク構築を目的にフォーラムを主催。	• 経営理念に「安心安全な食」「環境事業」「幸福社会を創造」という語句を含み。SDGs宣言も策定。 • 毎年の経営方針発表会と毎月の経営会議では従業員と意見交換する機会を作る。
D	• 経営者がMBAを取得し，会計や人材育成に活用。 • 従業員のキャリア形成を経営者による面談で決定。	• 経営理念に「お客様の信頼」「一人ひとりの夢と目標」「郷土和歌山に誇り」という語句を含み，「持続可能な経営環境」「農や地域をけん引」をスローガンに掲げる。 • 来賓と全社員を含めた経営計画発表会の実施。 • 部門別会計の導入によって社員に経営意識を持たせる。
E	• 県の産業技術センターと共同で水田直播技術の確立。 • 経営者が最新の自然栽培の理論を学習。	• 経営理念のメッセージに「循環」「未来の食」「地域を繁栄」という語句を含む。 • 取締役が農業体験や講演を担当。

えられない。そこで，持続可能な取り組みを支える組織体制を組織のトップのコミットメントとその他従業員の関わりという視点から整理した結果を表5-4に示す。まず，組織トップのコミットメントについては，次の二点においてその重要性が指摘できる。第一に，組織トップによる積極的な知識やノウハウの習得が挙げられる。例えば，Aの経営者は有機農業や有機質肥料の技術習得を長年継続しており，Dは経営者が大学のMBAを取得して経営管理に活かしている。Fは長年の直売所運営の経験や地域の分析を通じて農家レストランのビジネスモデルを構築した。こうした組織トップによる知識・ノウハウの習得は，持続可能な取り組みの前提であると同時に質の高いアウトプットを出すための条件でもある。それにより，喫緊の経営課題と密接に結びついた取り組みを実現することが可能となる。第二に，多様な人的

支えるコーポレート・ガバナンス

	組織トップのコミットメント	役員や従業員との経営課題の共有
F	• 米の価格低下とともに，直接販売の重要性を感じ，社長就任時に直売所をオープン。顧客とのコミュニケーションや独自の商圏分析を通じて農家レストランの需要と直売所とのシナジーを確信し，レストランをオープン。	• 後継者世代に子会社の運営を任せて，何事にも挑戦できる環境を作っている。沖縄での移動販売ビジネスや海外輸出の構想についても，若い世代が面白いと思えることを重視している。
G	• 子会社や関連会社を設立し，酪農，繁殖，肥育までの一貫体制を確立。同時に，牧場専任の獣医師を経営に関わらせることで，動物福祉まで配慮した生産体制を実現。 • 農外ネットワークを広げて技術開発や商談に繋げる。	• 経営理念に「環境に優しい」「循環型」という語句を含め，その達成のため獣医師との関係を強めてきた。
H	• 父親と息子の共同代表体制であり両者とも農業者や異業種とのネットワークを積極的に拡大。 • 息子は省力的で動物福祉にも配慮した新農場を計画中。	• 経営理念に「共に育ち」「農業の新しい価値」という語句を含み，仲間の人切さと生産以外の農業の価値を強調。 • 税理士が中心となって大学や銀行，日本政策金融公庫の関係者を集めて決算検討会を開催。
I	• 鶏糞処理，廃棄卵の肥料化，再生可能エネルギーの利用という研究開発に取り組む。	• 経営理念の「全ての人が幸せ」という語句の解釈を「株主農家のため」から「従業員の幸せ」に変化させた。

出典：筆者作成

ネットワークの構築も組織トップの役割である。Aの経営者はゴミの活用に関する勉強会を主催し，Cの経営者もイチゴ農家のための全国フォーラムを開催している。その他の経営でも経営塾や商工会などの異業種（B, C, G, H）や研究開発機関（E, G, I）とのネットワークを構築している。こうしたネットワークはこれまでの持続可能な取り組みを支えるものであると同時に，今後の多様な取り組みに向けた投資の側面を持っている。GやHが関連会社や新農場を計画しているのも，今後の農業を見据えた生産体制を確立するための投資である。以上のように，組織のトップが積極的に学び，将来に向けたネットワーキングを進めることが，持続可能な取り組みによって質の高いアウトプットを生み出しつづけるための条件であると言える。

　一方で，従業員規模の大きな農業法人においては，組織トップだけでなく役員や従業員が持続可能な取り組みに積極的に関与することが求められる。そのために各経営が重視しているマネジメントの一つが経営理念やスローガンの策定である。その中には，環境（環境に優しい，循環）（C, E, G），外部社会（安心安全な食，未来の食，地域を繁栄，農や地域のけん引）（C, D, E），内部社会（幸福社会の創造，一人ひとりの夢と目標，共に育ち，従業員の幸せ）（C, D, H, I）など，持続可能性に対する組織の姿勢を表すものになっていることがわかる。これらに加えて，SDGs宣言（C）のようにより直接的に持続可能な取り組みへの組織の考え方を策定している例もある。その他に重要なマネジメントとしては，経営の重要な情報や方針を社員間で共有する取り組みがある。その方法は経営情報のSNSでの配信（A）または定期会議（B, D, H）である。さらに，Dは部門別会計を導入することで日常的に社員が自部門の経営について考える機会を与えている。Bでは女性が役員に就任し，従業員との意見交換を積極的に行っていることも情報共有の手段の一つと考えられる。Fが新会社や新規事業を展開する理由も従業員の創意工夫やモチベーションを引き出すためである。

　このように，持続可能な取り組みに関する組織としての方針を明確に定めるとともに，それを組織内に浸透させていくことが重要なマネジメントと考

えられる。一方で，この組織への理念の浸透は容易ではない。Ｅの経営者によれば，従業員が持続可能な取り組みに積極的になるには，従業員への投資と余裕のある働き方が必要となるが，農産物価格の下落や農繁期の忙しさなどによって，それが度々困難になる。またＤの経営者も役員間で経営方針などのコンセンサスが完全に取れているとは言えないという。総じて，組織トップのコミットメントの高さと比較すれば，従業員への理念の浸透には多くの課題があることがうかがえる。

（4）　持続可能な取り組みによる企業価値の創造に向けて

　以下では，実際の農業法人の事例をもとに持続可能な取り組みが企業価値の向上に結び付くメカニズムに着目する。ポイントは以下の３点である。第一に，持続可能な取り組みが喫緊の経営課題と明確に結びつけられている必要がある。これは，ESG 投資のマテリアリティ特定において，企業側に求められる重要なステップである。第二に，評価すべき経営へのインパクトは持続可能な取り組みの目的によって変化する。直接的に企業価値に結び付く財務資本が改善するケースもあれば，人的資本や社会・関係資本の改善・蓄積を通じて長期的にパフォーマンスが向上していくケースもある。また，持続可能な取り組みの基礎となる知的資本が蓄積していけば，その取り組み自体が同業他社の模倣できない独自の競争優位の源泉となることも期待できる。つまり，類似した取り組みであったとしても，その目的によっては全く異なるアウトプットになり得ることを理解する必要がある。第三に，以上のような価値創造プロセスを支える組織体制としてやはり組織トップのコミットメント，具体的には学習とネットワーキングの重要性が示された。これは，現時点の持続可能な取り組みの質だけではなく将来的な取り組みの発展にも関わっている。組織全体に組織トップの方針を浸透させていくには経営理念などのメッセージや情報共有が実践されているが，この点には課題も多いことが推察された。

3 持続可能な取り組みと財務パフォーマンス

(1) 農業法人における持続可能な取り組みの実践状況

　表5-5は全国1,205法人に対して18のサブテーマの59の項目それぞれについて実践をしているかを問い，項目ごとに実践していると答えた法人の割合を示している。最も多くの法人によって取り組まれていた項目は「定期健診の実施（76.3%）」や「年次有給休暇制度の整備（60.7%）」など内部社会性に関するものである。環境性に関しては「堆肥の利用（58.1%）」や「減農薬・減化学肥料の取り組み（48.2%）」，「省エネスマート機器の導入（38.3%）」の割合が高いが，水・土壌の効率的利用や再生可能エネルギーの活用，動植物への配慮に関連する取り組みは進んでいない。外部社会性に関しては「トレーサビリティの確保（39.1%）」や「耕作放棄地の解消（38.1%）」「農業体験の実施（37.8%）」など農地保全，安全性，食育といった観点の取り組みが進んでいるが，農福連携や食文化の継承，食品アクセスといった課題への取り組みは低調である。なお，動物福祉について，別途，畜産法人の選択割合を見れば，「畜舎の衛生管理（80.3%）」や「獣医師への相談（60.4%）」など基本的な取り組みの割合は高いが，「放牧・平飼いの実施」や「ストレス行動の観察・改善」といった取り組みの割合は5割未満である。

(2) 持続可能な取り組みの軸となるテーマ

　次に，表5-5の59項目に対して因子分析を行った結果を表5-6に示す。因子数はMAP基準（4因子）とBIC基準（8因子）の間であり固有値が1以上となるカイザー基準と適合した6因子を採用した。第一因子は従業員の待遇や教育，経営参加など内部社会性に関する多くの項目の因子負荷量が大きいことから「従業員への配慮」を表している。第二因子は動植物の保全だけでなく，地域振興や食育，食文化や食品アクセスなど幅広い社会課題への対応を示していることから「社会や自然との共生」と呼べる。第三因子は動

第5章 持続可能な取り組みによる価値創造プロセス　171

表 5-5　持続可能な取り組みを実践している法人の割合

（%）

分類	選択肢	割合	分類	選択肢	割合
気候変動対応	省エネスマート機器の導入	**38.3**	動物福祉への配慮	獣医師への相談	13.1 (60.4)
	再生可能エネルギーの利用	10.7		畜舎の衛生管理	17.3 (80.3)
	メタン排出削減	9.8		畜舎内の十分な飼育空間の確保	12.4 (56.7)
	農地への炭素貯留	20.7		放牧・平飼いの実施	5.6 (18.3)
水や土壌の保全	節水技術の導入	8.1		ストレス行動の観察・改善	9.8 (40.4)
	減農薬・減化学肥料の取り組み	**48.2**	地域や食の文化の発展	伝統農産物の生産	12.9
	堆肥の利用	**58.1**		伝統農法への取り組み	4.3
	輪作による地力保持	20.9		農や食に関わる伝統行事の実施	11.1
	土壌流出対策の実施	9.7	食の貧困や食品アクセス	フードバンクなど食料支援活動への参加	8.4
地域の生態系の保全	動植物の生息場所の保全	11.0		移動販売や宅配事業の取り組みや支援	4.1
	動植物の新たな生息場所の確保	3.4			
	有機農業の実践	23.7		子ども食堂など食事支援活動への参加	15.2
	総合的病害虫・雑草管理	19.8			
資源循環型農業	耕畜連携の実施	**34.3**	職場の労働安全確保	事故防止の研修会の実施や参加	36.5
	作物残さの活用	**30.2**		事故防止マニュアルの作成	25.3
地域資源の有効活用	地場産品を利用した商品開発	26.9	従業員の待遇改善	定期昇給の実施	**49.7**
	農商工連携による商品開発	18.7		福利厚生の充実	**50.3**
				年次有給休暇制度の整備	**60.7**
農業・農村景観の保全	農地周辺環境の美化	**31.3**	従業員の健康状態	定期健診の実施	**76.3**
	景観作物の導入	7.9		メンタルヘルスに配慮した対応	15.4
	耕作放棄地の解消	**38.1**			
生産物の安全確保	GAP 等の生産工程管理	**30.1**	従業員による経営参加	経営戦略・計画の周知	45.8
	農産加工の衛生管理	26.6		経営・財務データの開示	21.4
	トレーサビリティの確保	**39.1**		重要な意思決定の場への参加	**32.2**
農福連携	障がい者の受け入れ	22.7		経営戦略・計画と連動した評価制度導入	9.5
	要介護者の受け入れ	1.0			
	就労・社会復帰の支援	13.8	従業員の教育支援	定期研修の実施	23.0
食育の推進	学校給食へ農産物を供給	29.0		外部研修への参加支援	**34.5**
	農業体験の実施	**37.8**		教育係（メンター）の設置	5.1
	食育関連イベント参加	16.1	多様な従業員の活用	①女性の正規雇用	**51.0**
	食育関連の講演活動	11.1		②障害者の正規雇用	8.3
				③外国人の正規雇用	15.1
				①～③の管理職への登用	8.0

注：（　）内は「動物福祉への配慮」について畜産法人のみを対象に計算した割合。
出典：筆者作成

表 5-6　持続可能な取り組みに関する因子分析

	従業員への配慮	社会や自然との共生	持続的な畜産	持続的な農地利用	気候変動対策	農福連携
事故防止の研修会の実施や参加	**0.48**	0.13	-0.06	0.04	0.12	-0.04
事故防止マニュアルの作成	**0.41**	0.13	0.03	0.04	0.03	0.13
定期昇給の実施	**0.73**	-0.08	0.01	-0.07	-0.01	-0.10
福利厚生の充実	**0.58**	0.03	0.09	-0.06	0.15	-0.05
年次有給休暇制度の整備	**0.78**	-0.24	0.09	0.07	0.01	0.06
定期健診の実施	**0.75**	-0.04	0.04	-0.10	-0.02	0.06
メンタルヘルスに配慮した対応	**0.48**	0.02	0.08	0.02	0.03	0.13
経営戦略・計画の周知	**0.65**	0.12	-0.05	-0.09	0.09	-0.04
経営・財務データの開示	**0.53**	0.14	-0.09	0.03	-0.09	-0.01
重要な意思決定の場への参加	**0.53**	0.14	-0.11	0.09	-0.09	-0.04
経営戦略・計画と連動した評価制度の導入	**0.62**	0.27	-0.01	0.07	-0.24	-0.11
定期研修の実施	**0.47**	0.29	-0.04	-0.03	-0.17	0.09
外部研修への参加支援	**0.55**	0.07	-0.01	-0.06	0.10	-0.11
教育係の設置	**0.57**	-0.27	0.19	**0.44**	-0.18	0.06
①女性の正規雇用	**0.56**	0.10	0.09	-0.03	-0.07	0.09
①〜③の管理職への登用	**0.47**	0.13	-0.02	-0.08	-0.06	-0.01
GAP 等の生産工程管理	**0.44**	0.14	-0.24	-0.03	0.15	-0.09
動植物の生息場所の保全	-0.11	**0.53**	0.07	0.01	0.18	0.04
動植物の新たな生息場所の確保	-0.13	**0.43**	-0.03	**0.58**	-0.04	0.06
地場産品を利用した商品開発	0.13	**0.53**	0.03	-0.06	0.04	-0.03
農商工連携による商品開発	0.00	**0.52**	0.10	0.10	0.03	0.14
就労・社会復帰の支援	0.10	**0.55**	-0.05	-0.07	-0.02	0.06
農業体験の実施	0.16	**0.53**	-0.11	0.04	0.14	-0.04
食育関連イベントへの参加	0.06	**0.63**	0.13	-0.06	-0.07	0.05
食育関連の講演活動	-0.03	**0.64**	0.13	0.22	-0.10	-0.05
伝統農産物の生産	0.05	**0.66**	-0.07	0.04	-0.10	-0.11
伝統農法への取組み	-0.07	**0.46**	0.17	**0.58**	-0.02	-0.09
農や食に関わる伝統行事の実施	-0.07	**0.63**	0.15	0.14	0.07	-0.04
フードバンクなど食料支援活動への参加	0.07	**0.56**	0.07	-0.07	-0.01	0.06
移動販売や宅配事業の取組みや支援	0.05	**0.52**	0.06	-0.16	0.00	0.14
子ども食堂など食事支援活動への参加	0.05	**0.51**	-0.03	-0.04	-0.03	0.08
耕畜連携の実施	-0.03	-0.05	**0.57**	0.11	**0.60**	0.00
獣医師への相談	0.11	-0.13	**0.88**	-0.10	-0.04	-0.01
畜舎の衛生管理	0.05	-0.12	**0.95**	-0.13	0.02	0.01
畜舎内の十分な飼育空間の確保	0.05	-0.07	**0.95**	-0.08	0.13	0.01
放牧・平飼いの実施	-0.21	0.32	**0.61**	0.14	0.06	0.08
ストレス行動の観察・改善	0.03	0.14	**0.87**	0.03	0.07	-0.03
輪作による地力保持	0.12	-0.16	-0.31	**0.52**	0.26	0.17
土壌流出対策の実施	0.27	-0.12	-0.09	**0.52**	0.26	-0.03
景観作物の導入	-0.05	0.18	0.10	**0.58**	0.19	-0.08
要介護者の受け入れ	-0.02	0.37	0.03	**-0.97**	0.15	0.01

	従業員への配慮	社会や自然との共生	持続的な畜産	持続的な農地利用	気候変動対策	農福連携
メタン排出削減	-0.01	0.07	0.07	0.13	**0.48**	-0.06
農地への炭素貯留	-0.04	0.14	-0.02	0.17	**0.60**	-0.01
減農薬・減化学肥料の取組み	-0.05	0.29	-0.37	0.03	**0.45**	0.04
堆肥の利用	0.04	-0.05	0.08	-0.03	**0.74**	0.02
障がい者の受け入れ	0.04	0.23	-0.06	0.04	-0.1	**0.71**
②障がい者の正規雇用	0.04	0.10	0.10	-0.01	-0.03	**0.93**
累積寄与率	0.12	0.23	0.31	0.37	0.42	0.45

注：1）太字は因子負荷量の絶対値が 0.4 以上を表す。回転法はプロマックス回転。
　　2）6 つの因子のすべてで因子負荷量が 0.4 に満たない変数は表から除外した。
出典：筆者作成

物福祉に耕畜連携を加えた取り組みであり「持続的な畜産」を意味している。第四因子は輪作，土壌流出対策，景観作物の導入，動植物の保全，伝統農法の維持など農地の活用方法に関連していることから「持続的な農地利用」と呼ぶ。第五因子はメタン排出削減，農地への炭素貯留，減農薬・減化学肥料，堆肥の利用や耕畜連携が該当し，広く CO_2 削減の取り組みであるため「気候変動対策」を表している。最後に，第六因子は障害者の受け入れと正規雇用であり「農福連携」に該当する。

（3）　経営資本を通じた持続可能な取り組みによる財務パフォーマンスの向上

構造方程式モデリングに先立って，各経営資本の改善・蓄積状況に関する主観的評価の結果を表 5-7 に示す。なお，社会・関係資本についてのみ，社外とのネットワークとブランド力という概念を分けて把握している。5 段階を点数化した平均値はどの資本でも 3 を超えており，経営資本の改善状況は総じて良好である。選択割合の分布を見れば，「変化なし」と「少し改善した」が 8 割以上を占めており，「大きく改善した」の割合は 1 割前後である。

次に，構造方程式モデリングの分析結果を表 5-8 および図 5-3 に示す。適

表 5-7　経営資本の変化の選択割合及び平均値

経営資本	詳細	平均	大きく低下した点数=1	少し低下した点数=2	変化なし点数=3	少し改善した点数=4	大きく改善した点数=5
人的資本	従業員のスキルやモチベーション	3.73	0.56	3.72	28.72	55.74	11.26
知的資本	生産技術力	3.70	0.23	3.15	31.19	57.66	7.77
製造資本	生産設備や施設の整備状況	3.66	0.68	4.73	34.12	48.87	11.60
社会・関係	社外とのネットワークの広さ	3.58	0.79	2.03	45.61	41.22	10.36
資本	ブランド力や商品付加価値	3.60	0.34	1.24	47.18	40.32	10.92
自然資本	生産に関わる土壌・水・生態系	3.32	0.56	3.49	62.39	30.18	3.38

注：質問「過去5年間の経営資源や資本の変化について該当するものいずれか1つにチェックをつけてください。」
出典：筆者作成

表 5-8　構造方程式モデリングの結果

パスの方向			標準化係数	標準誤差	p 値
価値創造力（潜在変数）	→	人的資本	0.629**	0.023	0.000
	→	知的資本	0.678**	0.020	0.000
	→	製造資本	0.623**	0.024	0.000
	→	社会・関係資本（ネットワーク）	0.522**	0.026	0.000
	→	社会・関係資本（ブランド化）	0.611**	0.025	0.000
	→	自然資本	0.538**	0.026	0.000
従業員への配慮	→	価値創造力	0.570**	0.056	0.000
社会や自然との共生	→	価値創造力	0.371**	0.050	0.000
持続的な畜産	→	価値創造力	-0.123	0.122	0.314
持続的な農地利用	→	価値創造力	0.156*	0.065	0.017
気候変動対策	→	価値創造力	0.359**	0.048	0.000
農福連携	→	価値創造力	0.252**	0.056	0.000
畜産 × 従業員への配慮	→	価値創造力	-0.114+	0.061	0.060
畜産 × 社会や自然との共生	→	価値創造力	-0.057	0.063	0.364
畜産 × 持続的な畜産	→	価値創造力	0.238+	0.131	0.070
畜産 × 持続的な農地利用	→	価値創造力	-0.031	0.073	0.669
畜産 × 気候変動対策	→	価値創造力	-0.029	0.060	0.629
畜産 × 農福連携	→	価値創造力	-0.073	0.058	0.211
価値創造力	→	経常利益率	0.165**	0.042	0.000
価値創造力	→	売上高成長率	0.282**	0.041	0.000

注：1) n=888，推定方法（WLSMV, lavaan package, R），適合度（scaled CFI=0.91, scaled RMSEA=0.03, AGFI=0.98）
　　2) 操業年数，log（従業員等人数），畜産ダミーから価値創造力，経常利益率，売上高成長率のパスは省略。
　　3) +p<0.1; *p<0.05; **p<0.01
出典：筆者作成

第5章　持続可能な取り組みによる価値創造プロセス　　175

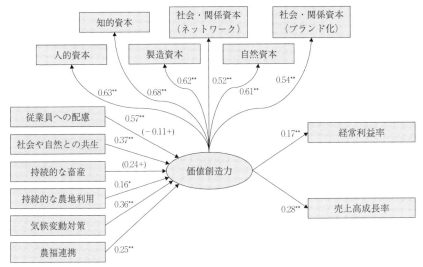

図 5-3　構造方程式モデリングの結果のパス図

注：推計結果は表 5-8 と同様。+p<0.1；*p<0.05；**p<0.01。有意な係数のみを表示。括弧内は畜産ダミーとの交差項の結果を示す。
出典：筆者作成

合度によればモデルは良好である（scaled CFI＝0.91, scaled RMSEA＝0.03, AGFI＝0.98）。まず，潜在変数について，全ての経営資本の因子負荷量は正で有意であり，この因子を「価値創造力」と定義できる[1]。次に，持続可能な取り組みの6つの因子から価値創造力へのパスを確認する。まず，「持続的な畜産」以外の5つの因子は価値創造力に正で有意な影響を与えている。さらに，「畜産ダミー」と「持続的な畜産」の交差項は正で統計的に有意である。つまり，6つの持続可能な取り組みの因子は価値創造力の向上を通じて，多様な経営資本の改善に影響していると推察される。係数の大きさに着目すれば，「従業員への配慮」＞「社会や自然との共生」＞「気候変動対策」＞「農福連携」＞「持続的な農地利用」＞「持続的な畜産（畜産経営の場合）」であり，内部社会的に持続可能な取り組みが価値創造力に大きな影響を与える可能性が示された。

最後に，価値創造力が財務パフォーマンスに与える影響を確認する。経常利益率，売上高成長率のどちらについても，価値創造力の係数は正で有意である。また，それぞれの持続可能な活動が価値創造力への影響を通じて2つの財務的成果に与える間接効果は6つの因子について正で有意（5%有意水準）である（「持続的な畜産」のみ畜産ダミーとの交差項の結果）。つまり，価値創造力は経営の効率性や成長性を規定していると考えられ，その価値創造力の規定要因の一つとして持続可能な取り組みが想定される。

(4) 持続可能な取り組みと経営資本

以上，本節では，59項目という非常に幅広い持続可能な取り組みを把握し，その取り組みの軸となるテーマを因子分析によって特定した上で，構造方程式モデリングで持続可能な取り組みと経営資本の改善の規定要因となる価値創造力，さらに財務パフォーマンスの関係を明らかにした。まず，従業員の待遇や教育，経営参加に関する取り組みが価値創造力に強く影響していた。つまり，あらゆる経営資本の改善の基礎として従業員の質が重要であることを意味する。また，多くの外部社会性に関わる取り組みに生物多様性への配慮も加えた「社会や自然との共生」や環境性を重視した「気候変動対策」も価値創造力への影響力が比較的大きかった。これは，直接的に従業員に配慮した取り組みでなくとも，持続可能性に貢献する取り組みに従事することで従業員のスキルやモチベーション，生産技術力などを高めることができ，さらに，多様なステークホルダーへの配慮が社外ネットワークの拡大やブランド化にも貢献するという持続可能な取り組みの多面的な効果を反映していると考えられる。

さらに，価値創造力は財務パフォーマンスにも結び付いていることが示された。これはまさしく，持続可能な取り組みを通じた価値創造プロセスを示唆する結果である。経常利益率は企業価値を高める重要な要素であるROICに関連しており，売上高成長率は将来的なキャッシュ・フローを維持する要素である。重要な点は，価値創造力はあらゆる経営資本の基礎であり，単純

第 5 章　持続可能な取り組みによる価値創造プロセス　　177

にブランド化や付加価値化することだけが持続可能な取り組みの役割ではな
く，人的資本や知的資本などの経営の基礎となる要素にも持続可能な取り組
みが影響することで，長期的に企業価値が向上することが示唆される。

4　持続可能な取り組みとコーポレート・ガバナンス

(1)　農業法人におけるコーポレート・ガバナンスとマテリアリティ特定

　まず，農業法人におけるコーポレート・ガバナンス（CG）活動の実態を
表 5-9 に示す。実施されている割合の最も高い CG 活動は「経営理念の策定
（55.1%）」であるが，それが行動原則や経営計画の策定にまで結び付いてい
ないケースが多いことがわかる。また，「経営関連法令の理解・遵守（33.2%）」
というコンプライアンスに関わる取り組みを実施する法人も半数に満たない。

表 5-9　コーポレート・ガバナンスの取り組み割合および因子分析

	選択割合 （%）	総合的 CG	理念・計画 策定	役員の責任 と多様性
社会課題に関する法制度の情報収集	13.94	**0.48**	0.17	-0.04
売上以外の財務目標の設定	14.19	**0.51**	0.19	0.13
金融機関以外への財務情報開示	19.50	**0.54**	-0.06	0.20
業績連動型の役員報酬	17.18	**0.59**	-0.05	0.05
経営リスクの洗い出し	25.23	**0.81**	-0.09	-0.09
経営継承計画の策定	9.63	**0.59**	-0.01	-0.08
経営関連法令の理解・遵守	33.20	**0.68**	0.00	0.00
経営理念の策定	55.10	-0.10	**0.72**	0.09
行動原則・方針の策定	25.23	-0.02	**1.11**	-0.19
経営計画の策定及び従業員への開示	24.23	0.19	**0.43**	0.08
定期的な役員会	30.29	0.03	-0.01	**0.78**
親族以外の役員登用	22.32	-0.12	-0.07	**0.82**
役員の責任権限の明確化	23.24	0.08	0.07	**0.55**
累積寄与率		0.21	0.36	0.49

注：太字は因子負荷量の絶対値が 0.4 以上を表す。回転法はプロマックス回転。
出典：筆者作成

表 5-10　マテリアリティ特定に関する取り組みの実践割合

分類	詳細	選択割合
課題分析	社会環境課題の特定	37.1
	効果分析と理解	46.1
経営方針	持続可能な取り組みを経営理念に含める	35.7
	持続的な取り組みを経営戦略や計画に位置づける	40.8
	持続的な取り組みに関する具体的な目標を設定する	26.0
経営陣	企業の社会的責任を重視する	47.8
	持続的な取り組みの実践を主導する	42.5
	持続的な取り組みに関する責任権限を明確にする	20.6
従業員	持続的な取り組みの目的や効果を理解している	32.5
	持続的な取り組みに積極的に参加している	22.7
	持続的な取り組みの改善点を積極的に提案する	27.5
評価	持続的な取り組みの実績を評価している	18.9
	実績に基づいて今後の計画や方針を修正している	36.9

出典：筆者作成

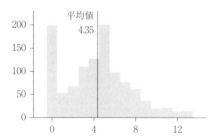

図 5-4　マテリアリティ指標の分布
出典：筆者作成

「定期的な役員会（30.3%）」や「役員の責任権限の明確化（23.2%）」という経営陣に関する取り組みも実施割合は決して高くない。さらに，農業法人の継続性を大きく左右する「経営継承計画の策定（9.6%）」への取り組みも十分とは言えない。

　以上のような各取り組みの実施の有無を用いて因子分析を行った。因子数はBIC基準（3因子）と平行分析（5因子）の間で解釈可能性を考慮して3因子とした。第一因子は，コンプライアンスやリスクマネジメント，情報開

示や会計・監査など幅広い取り組みの因子負荷量が大きいことから「総合的CG」と呼べる。第二因子は，経営理念，行動原則・方針，経営計画の策定が当てはまるため「経営理念の実践」を表している。第三因子は役員会の実施や親族以外の役員の登用，役員の責任権限の明確化という経営陣に関する取り組みの因子負荷量が大きいことから「役員の責任と多様性」と定義できる。つまり，農業法人のCG活動を評価する場合，経営理念，経営陣，そして多様な実践という3つの評価が重要となる。

　次に，CG活動の中でも持続可能性に関する実践としてマテリアリティ特定に関する取り組みの実践割合を表5-10に示す。最も実践割合が高いのは経営陣が「企業の社会的責任を重視する（47.8%）」という姿勢であり，経営陣が「持続的な取り組みの実践を主導する（42.5%）」傾向も強い。一方で，従業員への持続的な取り組みの理解促進や参画に関しては実践割合が低下する。また，「持続的な取り組みを経営戦略や計画に位置づける（40.8%）」と比較すれば「持続的な取り組みに関する具体的な目標を設定する（26.0%）」の割合は低く，計画と実践に乖離があると考えられる。さらに，実践割合が最も低い項目は「持続的な取り組みの実績を評価している（18.9%）」であり，持続可能な取り組みに関しては成果を適切に評価する姿勢が不足している。

　マテリアリティ特定に関する13項目の実践数の合計をマテリアリティ指標としてその分布を図5-4に示す。まず，マテリアリティ特定に関する取り組みを全く実践していない法人が200件ほど存在する。それ以外の法人については，実践数にはかなりのばらつきがあることが確認できる。なお，マテリアリティ指標にはその他のCG活動が影響することが予想される。そこで，マテリアリティ指標との相関係数を確認すると，総合的CG（0.15; p値＝0.00），経営理念の実践（0.17; p値＝0.00），役員の責任と多様性（0.07; p値＝0.02）であった。よって，持続可能性に関わるマネジメントにはCGと弱い正の相関はあるが，独自の役割があると判断できる。

(2) コーポレート・ガバナンス，マテリアリティ特定，持続可能な取り組み

それでは，表5-9に示したCG活動に関する指標と表5-6に示した持続可能な取り組みに関する6つの因子の関係性を回帰分析によって明らかにする。表5-11によれば，最も明確な結果は，「従業員への配慮」に対して，全てのCG指標とマテリアリティ指標の係数が正で有意である。つまり，従業員の待遇や働き方の改善にはCG活動が重要な役割を果たし，また，持続可能性に特化したマネジメントも有効である。制御変数を見れば，売上規模が大きく都市部に立地する法人ほど従業員向けの取り組みが多いこともわかる。

表5-11　持続可能な取り組みの規定要因に関する回帰分析

		従業員への配慮	社会や自然との共生	持続的な畜産	持続的な農地利用	気候変動対策	農福連携
切片		-2.012**	0.825**	-0.139	0.020	-0.328	-0.163
総合的CG		0.483**	-0.170**	-0.095**	0.018	-0.096+	-0.031
理念・計画策定		0.428**	-0.123**	-0.067**	0.001	-0.074+	-0.083
役員の責任と多様性		0.386**	-0.095**	-0.051*	0.023	-0.083+	-0.050
マテリアリティ指標		0.050**	0.051**	-0.001	-0.013	0.050**	-0.040*
総合的CG*畜産ダミー		-0.269+	0.414**	0.372**	0.086	-0.016	-0.168
理念・計画策定*畜産ダミー		-0.208	0.369**	0.162	0.178*	-0.151	-0.015
役員の責任と多様性*畜産ダミー		-0.214	0.214*	0.195+	0.197*	-0.078	0.099
マテリアリティ指標*畜産ダミー		-0.027	-0.072**	0.060*	0.033	0.033	0.057
畜産ダミー		-0.304+	0.147	1.737**	0.046	0.031	-0.248
制御変数	Log（売上高）	0.221**	-0.159**	-0.019	-0.010	0.049	-0.056
	Log（従業員等人数）	-0.048	0.079	-0.060+	0.015	-0.200**	0.319**
	事業多角化度	-0.039*	0.109**	0.008	0.032	0.002	0.011
	販路多角化度	-0.018	0.128**	0.018	0.089	-0.010	-0.039
	生産多角化度	0.003	-0.055*	0.047*	0.016	0.146**	0.015
	人口密度	0.032*	0.028	-0.034*	-0.008	-0.068*	0.004
	操業年数	0.000	0.002	-0.002	-0.003	-0.006*	0.000
クラスターロバスト標準誤差		YES					
調整済み決定係数		0.310	0.125	0.666	0.010	0.094	0.026

注：1）　+p<0.1; *p<0.05; **p<0.01
　　　2）　クラスターロバスト標準誤差の計算には都道府県を用いた。
出典：筆者作成

一方で，「気候変動対策」については，マテリアリティ指標の係数は正であるが，CG 活動の 3 つの因子の係数が負で有意である。同様の傾向は「社会や自然との共生」にも当てはまる。ただし，「社会や自然との共生」の場合，畜産ダミーと CG 活動との交差項については正で有意である。つまり，耕種経営では「社会や自然との共生」は CG 活動とトレードオフの関係であるが，畜産経営では CG 活動が高いほど「社会や自然との共生」に積極的になる傾向がある。畜産経営においては，「持続的な畜産」や「持続的な農地利用」についても CG 活動との正の関係が見られることから，耕種経営と比較して CG 活動に基づいて持続可能な取り組みが実践されている傾向が強いと考えられる。その要因としては，畜産経営は比較的大規模な経営が多く，組織の重要な意思決定のツールとして CG 活動の役割が大きくなっていることが想定される。

それに対して，耕種経営の場合，「社会や自然との共生」は CG 活動ではなくマテリアリティ特定に関連する取り組みに基づいていることから，経営理念や計画，リスクマネジメントといった観点から持続可能な活動が選択されているというよりも，規範的な意味で持続可能性が追求されている傾向があるのではないか。さらに，売上高と「社会や自然との共生」との負の関係から，小規模な法人ほど経営陣の規範的な価値観で持続可能な取り組みを実践する余地があるのではとも推察される。また，事業多角化度や販路多角化度との正の関係も「社会や自然との共生」の特徴である。つまり，もともとのビジネスモデルによって，地域資源の活用や食に関する多様な課題へのアプローチの可否が規定される側面があるため，CG 活動に反する意思決定がなされやすいのではないか。

最後に，農福連携に関しては耕種・畜産ともに CG との関連は見られず，しかもマテリアリティ指標の係数は負で有意である。制御変数の結果を見ると，従業員等人数の係数は正で有意であることから，比較的労働力の多い大規模な組織で農福連携が採用されている傾向がある。これは，障がい者を受け入れられるだけの雇用に関する経験や制度があり，職場環境が整備されて

いる組織であることが必要とされていることを示唆している。

(3) GAP 認証とコーポレート・ガバナンス

CG 活動は持続可能な取り組みの重要な規定要因であることが示されたが，農業法人において CG 活動を促進する方法の検討は進んでいない。そこでここでは，農業法人において普及が進んでいる GAP 認証の取得が CG 活動やマテリアリティ特定に与える影響を明らかにする。サンプルの GAP 認証取得率は 21.8%（JGAP のみ：15.1%，GLOBALG.A.P. のみ：6.1%，両方：0.6%）で，取得の効果の推計方法は傾向スコアを用いた二重にロバストな IPW 推定である。

表 5-12 に，GAP 認証の取得が CG 活動に関する 3 因子およびマテリアリティ指標に与える効果（処置群における平均処置効果，ATT）を示した。推定の結果，「理念・計画策定」と「マテリアリティ指標」に対する GAP 認証の取得の正の効果が認められた。GAP では経営者の責任や様々な行動指針を定める必要があることがビジョンの実践につながり，さらに，GAP には労働安全や環境保全に関する管理点も設けられておりマテリアリティ特定に関する取り組みを促進すると考えられる。

「役員の責任と多様性」「総合的 CG」には正の効果が認められなかったことから，個別の取り組みへの効果を確認する必要がある。図 5-5 には GAP 認証を取得した場合の各取り組みの選択確率をオッズ比で示す。例えば，オッズ比が最も大きいのは「社会課題に関する法制度の情報収集（1.79）」であり，GAP 認証を取得した場合にそうでない場合と比較してコンプライアンスを重視する傾向があることを意味する。それ以外には，「役員の責任権限の明確化」「業績連動型の役員報酬」「経営リスクの洗い出し」「売上以外の財務目標の設定」「定期的な役員会」の選択確率も GAP 認証の取得法人で高い。ここから，経営陣の責任やリスクマネジメントという点では GAP 認証の効果は十分あると考えられる。ただし，情報開示や経営継承計画の策定には GAP 認証が効果を発揮していない。農業法人にとって情報開

表 5-12　GAP 認証の効果に関する
傾向スコアを用いた二重にロバストな IPW 推定

	係数（ATT）	95% 信頼区間	p 値
総合的 CG	-0.03	-0.19, 0.19	0.76
理念・計画策定	0.31	0.08, 0.57	0.01
役員の責任と多様性	0.03	-0.14, 0.21	0.71
マテリアリティ指標	0.51	0.07, 1.00	0.04

注：1）傾向スコアの推計に用いた共変量は操業年数，log（従業員等人数），log（売上高），事業多角化度，販路多角化度，生産多角化度，人口密度。推定方法は勾配ブースティング回帰。調整後の共変量の標準化平均差の絶対値はすべて 0.1 未満となった。
　　2）二重にロバストな IPW 推定に用いる共変量は操業年数，log（従業員等人数），log（売上高），事業多角化度，販路多角化度，生産多角化度，人口密度。推定方法は勾配ブースティング回帰。標準誤差の推定にはブートストラップ法を採用。
出典：筆者作成

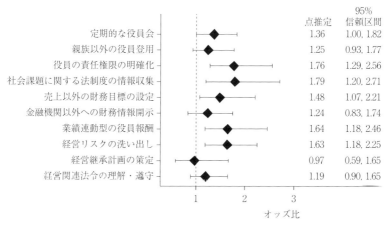

図 5-5　GAP 認証がコーポレート・ガバナンスの各取り組みに与える効果
注：菱形マーカーはオッズ比の平均値を示し，エラーバーは 95% 信頼区間を示す。
出典：筆者作成

示は多様なステークホルダーとの協業に必要となるが，中小規模の法人には情報開示の義務はなく，基本的に組織内部のマネジメントに関連している GAP 認証への取り組みだけでは，ステークホルダー・マネジメントは促進されないと言える。また，長期的な経営継承計画はリスクマネジメントの重

要な側面であるが，GAP 認証にはそこまで組織内部の事情に踏み込んだ管理点は設けられていない。

（4）　持続可能な取り組みとコーポレート・ガバナンスの関係性

　このように，コーポレート・ガバナンス（CG）の強化に関する活動（CG活動）が従業員の待遇や働き方という内部社会性を改善することが示された。畜産経営においては，広く社会や自然との共生を目指した取り組み，動物福祉の取り組みもまた CG 活動によって促進されていた。よって，農業法人における持続可能な取り組みを促進するには，組織のビジョンの明確化と実践，各経営陣が活躍できる環境づくり，そしてリスクマネジメントやコンプライアンス，ステークホルダー・マネジメントなど様々な CG 活動を農業法人に普及させる必要がある。ただし，こうした CG 活動は必ずしも普及しているとは言えない現状において，GAP 認証は CG の改善にも重要な役割を果たすことが示唆された。

　一方で，気候変動対策や耕種経営における社会や自然との共生といった取り組みと CG 活動にはトレードオフの関係が確認された。つまり，必ずしもすべての持続可能な取り組みが CG 活動に基づく意思決定の結果として実践されているわけではないのである。この要因の一つとして考えられるのが，農業法人の家族経営の側面の影響である。家族経営には「家族経営への愛着」という価値基準（社会情緒的資産と呼ぶ）が存在し，それが組織の意思決定を大きく左右すると言われる（Gomez-Mejia et al., 2010）。そして，この愛着への関心の高さと CG 活動の間には負の関係があることが知られている（Davila et al., 2023）。さらに家族経営に対する社会的な評判を高めたいという欲求も社会情緒的資産に含まれる（Swab et al., 2020）。一般的に持続可能な取り組みは企業の評判を高める効果があることから（Brammer and Pavelin, 2006; Saeidi et al., 2015; Heyder and Theuvsen, 2012; Luhmann and Theuvsen, 2017），家族経営は持続可能な取り組みに積極的になる傾向がある（Dyer and Whetten 2006）。以上より，経営層の多くを親族が占めるケースも多い中

小規模の農業法人もまた，CG 活動ではなく社会的評判への関心に基づいて持続可能な取り組みを実践している可能性が高い。その結果，戦略性や長期的視点を欠いた持続可能な取り組みとなってしまっているのではないか。

このように，農業法人の持続可能な取り組みへの意思決定には様々な要素が影響していると考えられる。ただし，分析結果によれば，マテリアリティ特定という持続可能な取り組みのマネジメントは，従業員や自然環境，地域社会それぞれに対する取り組みを促進する傾向がある。つまり，今後，農業法人の持続可能な取り組みを促進するには，一般的な CG 活動と合わせて，経営陣や従業員が持続可能な取り組みの重要性を理解し積極的に活動に参画できるようなマネジメントをしていく必要がある。そして，こうしたマネジメントにも GAP 認証は十分な効果を発揮する可能性が高く，幅広い管理点を規定する認証制度を持続可能な取り組みの普及にも活用していくことが期待される。

注

1) なお，別途，価値創造力に関する確認的因子分析を行った結果，標準化因子負荷量は全て 0.4 以上，Cronbach's α: 0.77，CR（composite reliability）: 0.77，AVE（average variance extracted）: 0.36 であった。AVE から見た収束的妥当性は基準（>0.5）を下回るが，価値創造フレームワークに基づいて経営資本の構成を決定することで論理的妥当性を担保し，さらに，以下にみるように価値創造力と経済的成果の正の相関がみられることから基準関連妥当性は高いと考えられる。

参考文献

中小企業庁（2018）「中小企業の経営の在り方」『中小企業白書』，https://www.chusho.meti.go.jp/pamflet/hakusyo/H30/PDF/chusho/03Hakusyo_part1_chap4_web.pdf（2024 年 5 月 8 日参照）.

江川雅子（2018）『現代コーポレートガバナンス―戦略・制度・市場―』日経 BP マーケティング.

加藤康之（2019）『ESG 投資の研究―理論と実践の最前線―』一灯舎.

東京証券取引所（2020）「ESG 情報開示実践ハンドブック」，https://www.jpx.co.jp/corporate/sustainability/esg-investment/handbook/nlsgeu000004n8p1-att/handbook.pdf（2024 年 5 月 8 日参照）.

東京証券取引所（2021）「コーポレートガバナンス・コード―会社の持続的な成長と

中長期的な企業価値の向上のために―」, https://www.jpx.co.jp/equities/listing/cg/tvdivq0000008jdy-att/nlsgeu000005lnul.pdf（2024 年 5 月 8 日参照）.

AlHares, Aws. (2020). "Corporate Governance and Cost of Capital in OECD Countries." *International Journal of Accounting & Information Management.*

Brammer, Stephen J., and Stephen Pavelin. (2006). "Corporate Reputation and Social Performance: The Importance of Fit." *Journal of Management Studies* 43 (3): 435–55.

Coteur, Ine, Fleur Marchand, Lies Debruyne, Floris Dalemans, and Ludwig Lauwers. (2016). "A Framework for Guiding Sustainability Assessment and On-Farm Strategic Decision Making." *Environmental Impact Assessment Review* 60: 16–23.

Davila, Jessenia, Patricio Duran, Luis Gómez-Mejia, and Maria J. Sanchez-Bueno. (2023). "Socioemotional Wealth and Family Firm Performance: A Meta-Analytic Integration." *Journal of Family Business Strategy* 14 (2): 100536.

De Olde, Evelien M., Frank W. Oudshoorn, Claus A. G. Sørensen, Eddie A. M. Bokkers, and Imke J. M. De Boer. (2016). "Assessing Sustainability at Farm-Level: Lessons Learned from a Comparison of Tools in Practice." *Ecological Indicators* 66: 391–404.

Dyer, W. Gibb, Jr, and David A. Whetten. (2006). "Family Firms and Social Responsibility: Preliminary Evidence from the S&P 500." *Entrepreneurship Theory and Practice* 30 (6): 785–802.

Giese, Guido, Linda-Eling Lee, Dimitris Melas, Zoltán Nagy, and Laura Nishikawa. (2019). "Foundations of ESG Investing: How ESG Affects Equity Valuation, Risk, and Performance." *The Journal of Portfolio Management* 45 (5): 69–83.

Gomez-Mejia, Luis R., Marianna Makri, and Martin Larraza Kintana. (2010). "Diversification Decisions in Family-controlled Firms." *The Journal of Management Studies* 47 (2): 223–52.

Heyder, Matthias, and Ludwig Theuvsen. (2012). "Determinants and Effects of Corporate Social Responsibility in German Agribusiness: A PLS Model." *Agribusiness* 28 (4): 400–420.

Integrating Reporting (2021). International 〈IR〉Framework, https://www.integratedreporting.org/wp-content/uploads/2021/01/InternationalIntegratedReportingFramework.pdf (accessed on November 10, 2023).

Kurz, Christoph F. (2022). "Augmented Inverse Probability Weighting and the Double Robustness Property." *Medical Decision Making: An International Journal of the Society for Medical Decision Making* 42 (2): 156–67.

Luhmann, Henrike, and Ludwig Theuvsen. (2017). "Corporate Social Responsibility: Exploring a Framework for the Agribusiness Sector." *Journal of Agricultural & Environmental Ethics* 30 (2): 241–53.

Menghwar, Prem Sagar, and Antonio Daood. (2021). "Creating Shared Value: A Systematic Review, Synthesis and Integrative Perspective." *International Journal of Management Reviews* 23 (4): 466-85.

Raimo, Nicola, Alessandra Caragnano, Marianna Zito, Filippo Vitolla, and Massimo Mariani. (2021). "Extending the Benefits of ESG Disclosure: The Effect on the Cost of Debt Financing." *Corporate Social Responsibility and Environmental Management* 28 (4): 1412-21.

Saeidi, Sayedeh Parastoo, Saudah Sofian, Parvaneh Saeidi, Sayyedeh Parisa Saeidi, and Seyyed Alireza Saaeidi. (2015). "How Does Corporate Social Responsibility Contribute to Firm Financial Performance? The Mediating Role of Competitive Advantage, Reputation, and Customer Satisfaction." *Journal of Business Research* 68 (2): 341-50.

Sneirson, Judd F. (2008). "Green Is Good: Sustainability, Profitability, and a New Paradigm for Corporate Governance." Https://Papers.Ssrn.Com › Papershttps:// Papers.Ssrn.Com › Papers.

Swab, R. Gabrielle, Chelsea Sherlock, Erik Markin, and Clay Dibrell. (2020). "'SEW' What Do We Know and Where Do We Go? A Review of Socioemotional Wealth and a Way Forward." *Family Business Review* 33 (4): 424-45.

Zhu, Feifei. (2014). "Corporate Governance and the Cost of Capital: An International Study." *International Review of Finance* 14 (3): 393-429.

第6章
企業価値創造プロセスの比較研究

田 井 政 晴

1 比較研究の実施について

　農林水産省農林水産政策研究所の連携研究スキーム「地域農業の持続可能性の向上に向けた農業法人の総合的企業価値評価手法の開発による研究」(2021〜2023 年) の一環として，10 社の農業法人を対象に企業価値評価を実施した。本研究の第一段階では，経営指標に基づく分析を行い，各農業法人が開示した財務情報を用いて定量評価を実施した。また，未開示情報については，経営者へのヒアリングや実地調査を通じて定性評価を行い，各法人の実態を明らかにした。具体的には，定性評価項目および ESG（Environment, Social, Governance）関連項目を含むフレームワーク（69 項目のチェックシート）を活用し，対象事業が将来にわたり付加価値を創出し続ける能力を検証した。

　これにより，事業の継続性を確保するために不可欠な，成長性，地域社会との良好な関係，持続可能な農業技術の導入を含む包括的な視点が確保され，現実的で信頼性の高い事業予測（プロジェクション）を立てるための基盤が整えられる。これは，経営の持続可能性と将来の収益力を裏付ける，企業価値評価における重要なフェーズを形成している。

　本章では，企業価値評価を実施した 10 社の農業法人について，営農類型別に定性評価の概要を示し，その共通点や差異を分析することで，プロジェクションの検討に必要なビジネスプランの妥当性を分析するプロセスを示し

た。この比較研究を通じて，類型の異なる農業法人ごとの企業価値評価手法における定性評価の有効性を確認し，各法人の特性に応じた分析が，より精度の高い企業価値評価につながることを期待したい。

(1) 評価対象農業法人の選定基準

評価の対象となる農業法人の選定にあたっては，事業形態，経営の多角化状況，地域特性を考慮した上で，農業類型ごとの経営規模や標準的経営規模との比較，売上，売上構成を検討した。また，農業法人の経営者の年齢，役職員の構成，女性，高齢者，障がい者，外国人実習生の雇用状況についても考慮し，農業法人に融資する金融機関や取引先からの情報を得て選定を行った。具体的な選考基準は以下の通りである。

1. 農業経営統計調査を参考にし，10類型を幅広く選定すること。
2. 経営形態，経営多角化状況，地域特性を踏まえ，類似企業を避けること。
3. 農業法人が認識する経営リスクとそのリスクへの対処方法が異なること。
4. 経営承継問題やガバナンス実行の課題など，企業価値評価における明確な論点が存在すること。
5. 開示された企業秘密については守秘義務誓約書を提出し，取り扱いに十分に配慮すること。
6. 財務報告の正確性や投下資本の時価評価を目的とした評価ではないことを理解すること。
7. 第三者評価の立場を担保するため，評価には特別な条件を付さず，特定の目的に使用しないこと。

以上の基準を満たす農業法人を選定し，企業価値評価手法の実効性を検証するための基盤とした。

(2) 評価対象

　企業価値評価の実施先は表6-1のとおりである。水田作経営2社を含む，耕種農業5社（A, B, C, D, E），環境制御型農業1社（F），畜産農業4社（G, H, I, J）の合計10社である。いずれも年間売上100百万円以上の農業法人である。経営規模は耕種農業（平均売上439百万円）に対して，畜産農業（平均売上3,244百万円）が大きい。

(3) 評価項目

　農業法人の定性評価を行う際には，農業の成り立ちや農業法人を取り巻く経済，社会，環境などの側面から，事業性を「妥当性」，「有効性」，「効率性」，「持続可能性」の観点で整理する必要がある。評価項目は，①基本情報，②事業形態と地域特性，③事業基盤，④マネジメント，⑤事業体制，⑥環境分析，⑦リスク分析の7つのカテゴリーに分類し，定性評価項目として16の中項目と69の小項目を設定している（詳細は第2章参照）。

表6-1　企業価値評価対象一覧

	農業類型	経営形態	所在	年間売上 （百万円）	経営規模	従業員	経営者
A	水田作経営	株式会社	東北地方(北)	165	65ha	3名	43歳
B	水田作経営	有限会社	関東地方	108	70ha	4名	12歳
C	野菜作経営	有限会社	北海道地方	249	100ha	9名	77歳
D	畑作経営	農事組合法人	北海道地方	423	430ha	18名	59歳
E	果樹作経営	株式会社	近畿地方	1,250	10ha	70名	49歳
F	菌床きのこ	農事組合法人	東北地方(南)	334	120万菌床	16名	66歳
G	養豚経営	有限会社	九州地方(南)	999	8,000頭	13名	68歳
H	採卵養鶏経営	有限会社	九州地方(南)	5,773	120万羽	45名	64歳
I	肉用牛経営	株式会社	九州地方(南)	4,682	7,000頭	20名	48歳
J	酪農経営	有限会社	北海道地方	1,522	1,800頭	66名	46歳

注：1）年間売上高と経営規模は，評価実施時期（2021～2024年）により時点が異なる。
　　2）従業員数は調査実施時点のヒアリングによる。経営者年齢は2024年時点。
出典：筆者作成

各小項目の達成度は,「優（5点）・良（3点）・可（1点）・要改善（0点）」の評点により評価する。この評価システムは，農業法人の特徴について事前知識がない様々な利害関係者にも理解しやすい形で情報を提供し，農業法人ごとの特色を的確に把握することを目的としている。「優（5点）」は，地域のベンチマークを超える高いパフォーマンスを示した状態を意味し，「良（3点）」は必要な基準を満たしつつも改善の余地がある状態を示す。「可（1点）」は，基本的な要件を達成しているが，多くの領域で改善が必要な状態を示し，「要改善（0点）」は，基本的な要件を満たしていない状態を指す。

　要改善とみなされる場合，投資家としては投融資の対象外とする可能性があるが，早急に経営改善を行い，モニタリングが求められるレベルである。こうした評価基準は，利害関係者に対して農業法人の持つ現状の課題や改善の方向性を明確にし，法人の具体的な特徴を把握しやすくするために設計されている。本章では，各農業法人の達成度を評価項目ごとに一覧表で明示するとともに，重要性の高い主要な評価項目については個別に記載した。

2　定性評価の結果

(1)　「①基本情報」に関する把握

基本情報は,「会社概要」と「事業詳細」に大別される。会社概要は法人登記の内容と財務報告書に基づき，事業全体を理解するための最小限かつ重要な情報である。事業詳細は，事業の具体的な概要と，定量的に把握できる事業情報で構成されており，会社の公開情報と財務情報に基づいて事業の全体像を把握することが目的である。開示された情報を整理し，判断の基盤として活用するには，事業展開を地図上で示し，事業フロー図によって工程全体を明らかにする。

(2)　「②事業形態と地域特性」に関する分析

②事業形態と地域特性の分析は,「事業の妥当性」を左右する重要な要素

である。事業形態を理解し，地域特性を評価することは不可欠であり，特に地域のベンチマーク（周辺地域の優良事例やイノベーションによる高収益の期待）を意識することが重要である。農業地域の類型や標準的経営との比較を通じて，各農業法人のポジションを把握することができる。この手法は，農業に限らず，あらゆる産業に適用可能である。地域の名産やブランドに過度に依存することは避けるべきであるが，地域の標準的経営から大きく外れた事業形態に対しては，持続可能性の観点から慎重な評価が求められる。したがって，地域特性に適した事業形態が選定されているかどうかを検証する必要がある。

　事業形態と地域特性に関する分析結果は表 6-2 および下記のとおりである。

《耕種農業（A, B, C, D, E）》
　A法人：＋
　　水田作経営を行う農地所有適格法人（株式会社），農業類型は中間農業地域の田畑型である。同法人は地域における有機農業の拡大を先導しているが，農地集約が進む一方で，広域に点在しているため効率性に課題がある。
　B法人：＋
　　水田作経営を行う農地所有適格法人（有限会社），農業類型は平地農業地域の水田型である。有機農産物の生産販売を行い，主な事業地が集約されて効率的に運営されているが，地代が高止まりしていることが課題である。
　C法人：＋
　　野菜作経営を行う農地所有適格法人（有限会社），農業類型は都市的地域の田畑型である。水田からの転作率は80%を超えており，農地集約も進んでいるため，効率的な運用が可能である。
　D法人：＋＋
　　畑作経営を行う農地所有適格法人（農事組合法人），農業類型は平地農

194

表6-2　事業形態と地域特性に関する各法人の達成度

中分類	評価項目	耕種農業					環境制御	畜産農業			
		A	B	C	D	E	F	G	H	I	J
		水田作	水田作	野菜作	畑作	果樹作	菌床きのこ	養豚	採卵鶏	肉牛	酪農
事業形態と地域特性											
2-1 事業形態	営農形態	3	3	5	5	3	3	5	5	5	5
	法的根拠	3	3	3	3	3	3	3	5	5	5
	事業構成	3	3	3	3	5	3	3	5	3	5
2-2 地域特性	農業地域類型	5	5	5	5	5	3	5	5	5	5
	(耕) 農業移行状況 (畜) 畜産農業移行状況	3	5	5	5	3	3	5	5	5	5
	市場指向状況	3	3	3	3	5	3	3	3	3	5
	水資源利用状況	3	3	3	3	3	3	3	3	3	3
	(耕) 農地利用集積度 (畜) 農場利用集積度	1	3	3	5	3	3	5	5	3	3

・　出典：筆者作成

　　業地域の畑作型である。当初9名の構成員で経営を開始し，農業振興計
　　画に合致した大規模集約化が進展している。

E法人：＋＋

　　果樹作経営を行う農地所有適格法人（株式会社），農業類型は都市的地
　　域の畑地型である。地元産の柑橘を利用した加工品の販売が売上の大半
　　を占める地域最大手の企業である。

《環境制御型農業（F）》

F法人：＋

　　きのこ類栽培を行う農事組合法人，農業類型は平地農業地域の水田型で

あるが，生産設備は工業団地内に展開され，高度に環境制御された施設で運営されている。

《畜産農業（G, H, I, J）》

G法人：＋

養豚経営を行う農地所有適格法人（有限会社），農業類型は山間農業地域の畑地型である。かつては養豚業者が集積した地域であるが，転廃業や集約が相次ぎ，現在は点在する程度である。

H法人：＋＋

採卵養鶏経営を行う農地所有適格法人（有限会社），農業類型は平地農業地域の畑地型である。養鶏を含む畜産農業が盛んであったが，小規模経営は淘汰され，大規模企業経営による集約が進んでいる。

I法人：＋＋

肉用牛経営を行う農地所有適格法人（株式会社），農業類型は山間農業地域の畑地型である。畜産農業が盛んな地域であるが，小規模経営は淘汰され，大規模企業経営による集約が進んでいる。

J法人：＋＋

酪農経営を行う農地所有適格法人（有限会社），農業類型は中間農業地域の畑地型である。畜産農業が盛んな地域であり，小規模経営は淘汰され，大規模企業経営による集約が進んでいる。

耕種農業と畜産農業では，それぞれ異なる課題が存在する。耕種農業においては，農地の集約と効率化が進展する一方で，地域特性が経営コストの増加や収益性に影響を与えている。また，特定の作物や加工品に依存するビジネスモデルの脆弱性も指摘される。一方で，畜産農業では，小規模経営の淘汰と企業経営への移行が進んでおり，特に養鶏業では大規模経営への集約化が顕著である。効率化と持続可能性を両立させるための施策が依然として求められている。

評価に用いた農業法人では，耕種農業の経営規模に比べて，畜産農業の経営規模が大きい点に注意が必要であるが，両者に共通する事項として，いずれの農業法人も事業形態観点からの課題はなく，地域農業の方向性とも一致している。

(3) 「③事業基盤」に関する分析

「事業基盤の有効性」を判断するためには，主要設備の状況と，明示的ではない経営資源全般の分析が必要である。具体的には，単一の項目で優れた効果を発揮するよりも，全体的な適合が図られていることが重要である。事業目的に合致しない特許や，人的資源への不適切な投資，有効活用されていない機械設備は，急速に陳腐化する可能性が高いため，注意が必要である。主要設備の状況を把握することは，事業の持続性や効率性を評価する上で不可欠であり，同時に，明示的でない資源として，人的資源やネットワーク，無形資産なども考慮しなければならない。事業歴や金融資産，人的資産などの目に見える資本だけでなく，知的財産も事業のリスク耐性に大きな影響を与える。新技術の導入には費用対効果の視点が必要であるが，同時に社員の勤務年数や技術的なスキル，保有資格者の比率なども重要な指標となる。

事業基盤に関する分析結果は表6-3および下記のとおりである。

《耕種農業（A, B, C, D, E）》

A法人：±

広域に展開する65haの圃場で，有機農業と減農薬中心の水田作を行っている。近年は集荷販売に注力しており，GLOBALGAP，有機JAS，ノウフクJASなどの認証取得に加え，ブランディングのための商標権も保有している。

B法人：±

生産者組合を母体とする法人で，70haの圃場（主に水田作）を運営している。農地の分散度は高いが，集落内に生産の核となる農地を所有し

第6章　企業価値創造プロセスの比較研究　　197

表6-3　事業基盤に関する各法人の達成度

中分類	評価項目	耕種農業					環境制御	畜産農業			
		A	B	C	D	E	F	G	H	I	J
		水田作	水田作	野菜作	畑作	果樹作	菌床きのこ	養豚	採卵鶏	肉用牛	酪農
3-1 事業運営	事業歴（社歴）	3	5	3	5	5	1	3	5	5	5
	事業拠点	3	3	3	3	3	5	3	5	3	3
	事業構造	3	3	5	3	5	3	3	5	3	3
3-2 主要な設備	（耕）土壌（圃場）（畜）農場（畜舎等）	3	3	3	3	3	3	3	3	3	3
	（耕）関連設備（畜）畜舎関連設備	3	3	3	3	3	3	1	5	3	5
	（耕）農業用機械（畜）飼育環境管理設備	3	3	3	3	3	3	3	3	3	5
	（耕）選果場・加工場等（畜）畜産用機械	1	1	3	3	5	3	3	5	3	5
	作業場・貯蔵運搬設備等	1	1	1	3	3	3	3	3	3	3
	（耕）環境対応設備（畜）衛生環境対応設備	1	1	1	1	5	5	1	3	3	3
3-3 その他の経営資源	設備以外の経営資源	3	3	3	3	5	3	1	5	5	5
	技術の有効活用	3	3	3	3	3	3	3	5	5	5
	人的資産	5	3	3	5	5	3	1	5	3	3
	知的財産	3	3	3	3	3	3	3	3	3	3

事業基盤

出典．筆者作成

ている（自己所有農地は5％）。エコファーマー認定や特別栽培農産物
認証を取得している。

C法人：±

　集約が進む100haの圃場で経営を行い，特別栽培（有機栽培から移行）

による多品目野菜の大規模生産から，収益性が高く生産効率に優れた品目への集中を図っている。時代の変化に合わせて，市場出荷から量販店向け販売，さらには中食・外食向け出荷にシフトして経営の安定化に努めている。

D 法人：＋

432ha の広大な集約農地で，輪作体系に基づく畑作を行っている。トラクターやコンバイン，ハーベスタなど 40 台以上の農業用機械を保有し，馬鈴薯選別庫や麦乾燥施設も整備している。現在は人材が充足しているが，次世代経営者の育成と人材確保が今後の課題である。

E 法人：＋＋

果樹作経営を企業ドメインとする歴史ある企業で，現在は加工販売に重点を置いている。樹園地は急傾斜地にあり，土壌生産力が低いため，恒久的な土壌改良が必要である。六次産業化による加工販売は好調であり，樹園地・選果場・加工場・出荷施設・販売戦略が有機的に機能している。

《環境制御型農業（F）》

F 法人：±

高度に環境制御された施設での生産体制を整備している。節水技術（スマート農業の利用）や資源循環（廃棄物の削減）に強みを持つが，菌床生産や動燃費，物財費の高騰に直面している。ASIAGAP や有機 JAS の認証を取得し，自社商品のブランディングのための商標権も保有している。

《畜産農業（G, H, I, J）》

G 法人：－

二つの農場で 40 棟以上の畜舎を持ち 70% が稼働している。ここで，約 8,000 頭の豚の繁殖と肥育を行っている。設備は現状の経営に対応しているが，既に老朽化しており適切な設備投資が必要である。

H 法人：＋＋

畜産が盛んな地域に位置し，自社 3 拠点と協力事業者 5 拠点を分散展開
している。白玉鶏 65 万羽，赤玉鶏 29 万羽，ピンク鶏 23 万羽を飼育し，
1,000 千個／日の鶏卵を出荷する。自社のたい肥センターでは，鶏糞を
発酵させた堆肥を農家に販売する。

I 法人：＋

繁殖肥育を一体で行うグループ会社と共に，複数県にまたがる十数ヶ所
に畜舎を展開している。肥育に関わる契約農家と連携し，7,000 頭の牛
を肥育し，全量を食肉卸大手に販売している。また，飼料の製造販売や
有機肥料の製造販売も手掛けている。

J 法人：＋＋

660ha の圃場で飼料生産を行い，1,800 頭の乳牛を肥育する。敷料に砂
を用いたサンドベットを設置し，10 年以上前に国内初となる農場
HACCP 認証を取得するなど，先進的な取り組みを行っている。近年は
A2 ミルク化に向けた設備更新に注力し，常に先行投資を続けている。

耕種農業，畜産農業，環境制御型農業においては，経営の集約化と効率化
が進行する一方で，それぞれ異なる課題が存在する。耕種農業では，規模拡
大が必ずしも合理化につながらず，農地の分散による効率性の低下や地代の
高止まりが課題となっている。このため，農業経営の持続可能性を確保する
ためには，農地のさらなる集約化や収益性の高い作物への集中，農地利用効
率の向上が求められる。一方で，畜産農業や環境制御型農業では，生産コス
トの上昇が経営に大きな影響を与えており，技術革新や効率化を図るための
設備投資が不可避である。さらに，環境への配慮や持続可能な農業経営の確
立も重要な課題であり，これを無視した事業化は長期的な持続性を欠くこと
になる。経営規模の小さい経営体にとって，これらの課題は経営存続に直結
する死活問題となり得る。したがって，これらの農業分野においては，大規
模企業経営による集約化が進むなかで，地域全体の協力と支援が不可欠であ

る。また，適切な設備投資と持続可能な経営戦略の構築が求められる。

(4) 「④マネジメント」に関する分析

経営者の経営手腕を「マネジメントの有効性」の観点から評価するためには，創業者のカリスマ性に依存する経営には持続可能性のリスクが伴うこと，また組織的な企業経営には明確な意思決定プロセスが不可欠であることを理解する必要がある。経営者へのヒアリングにおいては，経営理念と実際の運営との乖離を分析し，後継者や経営者以外のキーマンの存在を確認することが重要である。マネジメントの有効性は，経営者や経営チームが事業を円滑に運営し，目標達成に向けて効果的な戦略を展開しているかを示す。組織内の意思疎通や効率的な意思決定プロセス，リーダーシップの発揮，リスク管理，問題解決能力，さらには従業員のモチベーションや育成が含まれる。カリスマ性に依存した経営は逆境を乗り越える力を持つ一方，属人的要素が経営リスクに直結する危険性があるため，経営者の手腕が企業の健全性や持続可能性にどのように影響を与えるかを正確に評価することが重要である。

マネジメントに関する分析結果は表6-4および下記のとおりである。

《耕種農業（A, B, C, D, E)》

A法人：＋＋

　　流動的な農業政策に対応可能な事業構造を持ち，人材育成にも注力している。経営意欲が高く，個性的であり，明確な将来ビジョンと経営戦略を有している。経営者は若く，事業規模に対して内部統制が機能している。

B法人：＋

　　経営者は若く，後継者は未定である。正社員や技能実習生に加え，繁忙期にはパートを活用している。現状では付加価値を重視しつつ，効率化・省力化による経費抑制に努めている。また，農業政策への注視を欠かさない。

第6章　企業価値創造プロセスの比較研究　　　201

表6-4　マネジメントに関する各法人の達成度

中分類	評価項目	耕種農業					環境制御	畜産農業			
		A	B	C	D	E	F	G	H	I	J
		水田作	水田作	野菜作	畑作	果樹作	菌床きのこ	養豚	採卵鶏	肉用牛	酪農
マネジメント 4-1 経営体制	経営理念	5	3	5	5	5	3	3	5	5	5
	将来ビジョン	3	3	3	3	5	3	1	5	5	5
	経営戦略	3	3	3	3	3	3	1	5	5	5
	経営意欲	5	3	3	5	5	3	0	5	5	5
	後継者	1	1	1	3	5	1	0	3	3	3
	人材育成	3	3	3	3	3	3	3	5	5	5
4-2 経営管理	組織体制	3	3	3	3	3	3	1	3	3	3
	内部統制	3	3	3	3	3	3	1	3	3	5
	事業計画	1	1	1	1	5	1	5	5	5	5
	経営計画	5	5	5	5	5	5	5	5	5	5
	ESG・SDGs	3	1	1	1	1	1	1	3	3	3

出典：筆者作成

C法人：＋＋

　　有機農法の先駆者であり，経営者は70代後半であるが，バランス感覚に優れ，先端的手法を積極的に取り入れている。カリスマ性を持ち，費用対効果を冷静に分析できる有言実行型の経営者である。

D法人：＋＋

　　現在の9名の構成員から次世代への交代が急務であり，経営理念を定め，経営会議を通じて年間の生産計画から10年先の経営ビジョンを更新している。PDCAによる経営管理の検証を行い，経営管理に余念がない。

E法人：＋＋

事業承継は次世代に移り，経営刷新や将来的な発展可能性についても高いポテンシャルを有している。経営指針書の公表による透明性の確保や，若手中心の経営への移行が進められ，人材育成にも力を注いでいる。

《環境制御型農業（F)》

F法人：±

　　法令順守に基づいた企業経営が行われている。地元の名門企業の事業部門としてバックアップを受け，組織的な経営が実現されている一方で，現場を熟知した次世代リーダーの育成が課題である。

《畜産農業（G, H, I, J)》

G法人：―

　　後継者不在で，社内にも事業承継可能な人材がいないため，代表者が現役のうちに経営刷新を希望している。代表者が直接指導する体制が有効に機能しているが，属人的な経営であるためリスクが大きい。

H法人：＋＋

　　生産から製品製造まで一貫した衛生管理と品質向上に努めており，経営目的に向けた統制力の強さが感じられる。経営者の手腕により，メリハリのある経営がなされており，組織体制も整備されている。

I法人：＋＋

　　現経営者は事業承継者であり，情報は社長に集中している。社長からの指導体制が構築され，社長を中心とした内部統制が有効に機能している。経営戦略も明確で理解しやすい。

J法人：＋＋

　　酪農業と地域の発展を考慮し，商品開発と展開を強力に推進するなど，明確なビジョンのもと経営を展開している。人材交流を通じた地域発展を目指し，ESGにも積極的に取り組んでおり，経営意欲が非常に高い。

第6章　企業価値創造プロセスの比較研究　　　203

　耕種農業においては，事業承継と次世代リーダーの育成が主要な課題である。経営理念の明確化と透明性の確保が持続可能な経営に寄与する重要な要素であると考えられる。畜産農業では，事業承継の不確実性や経営者の属人性がリスク要因として指摘される。生産から製品製造までの一貫した管理体制や，地域社会と連携した持続可能な経営が成功の鍵となり，次世代へのスムーズな移行が経営の安定性を高めるとともに，地域全体の発展にも寄与することが期待される。今後の課題は，各農業分野に共通する事業承継問題と次世代リーダーの育成である。また，経営の集約化と効率化が進むなかで，地域社会との連携を強化し，持続可能な農業経営を実現するための包括的な支援体制が必要である。これにより，地域全体の経済や社会の安定にも貢献することが期待される。本比較研究では，耕種農業の経営規模に比べて，畜産農業の経営規模が大きい点に注意が必要であるが，経営者に要請される課題には大きな差異は感じられない。

(5)　「⑤事業体制」に関する分析

　農業外の投資家や取引関係者にとって把握しにくい農業技術や高付加価値への取り組みは，投資効果の測定が困難な項目である。そのため，実際の業務内容や工程管理の詳細な分析を通じて「効率性」を評価することが重要である。具体的には，投資家が判断しにくい工程ごとのプロセスを分析し，農業技術や高付加価値への取り組みを先端性や安全性向上の観点から評価する。特に高付加価値への取り組みは，先端技術への挑戦意欲だけでなく，経済性の観点から費用対効果を重視して評価されるべきである。指標としては，施肥量や投薬量，エネルギー投入量，廃棄物排出量との関連，地域の標準的な経営との比較，人件費率，その他の事業経費との関係などが挙げられる。これらの技術的視点からの評価を通じて，高付加価値への取り組みの効果と効率性を総合的に検証することが求められる。

　事業体制に関する分析結果は表6-5および下記のとおりである。

204

表6-5 事業体制に関する各法人の達成度

中分類		評価項目	耕種農業					環境制御	畜産農業			
			A 水田作	B 水田作	C 野菜作	D 畑作	E 果樹作	F 菌床きのこ	G 養豚	H 採卵鶏	I 肉用牛	J 酪農
事業体制	5-1 工程管理	(耕)土壌（圃場・設備活用）(畜)畜舎（飼育方式と設備管理）	3	3	3	3	3	3	3	5	3	5
		(耕)肥料・水・エネルギーの調達 (畜)飼料・水・エネルギーの調達	1	1	3	3	3	3	3	3	3	5
		(耕)種苗調達 (畜)繁殖・導入	3	3	3	3	3	3	3	5	5	5
		(耕)栽培管理 (畜)飼育管理（技術・環境）	3	3	3	3	3	3	3	5	5	5
		(耕)収穫技術 (畜)出荷（搾乳）技術	3	3	3	3	3	3	3	5	5	3
		廃棄物・衛生管理	1	1	1	1	5	5	1	3	3	5
		出荷・流通	3	3	3	3	3	3	3	3	3	3
		加工	3	3	3	3	3	—	—	—	—	—
		保蔵・乾燥	3	3	3	3	3	—	—	—	—	—
		販売管理	3	3	3	3	5	3	3	3	3	3
	5-2 高付加価値への取組	先端技術への取組み	3	1	1	3	3	3	3	5	3	5
		安全性・環境保全	3	0	1	1	3	5	1	3	3	3
		サプライチェーン連携	3	1	3	3	5	1	3	5	5	3

出典：筆者作成

《耕種農業（A, B, C, D, E）》

A法人：＋

　CO$_2$削減を目指した土壌設計やGAP，有機JASの積極的な採用を進める一方，省力化や生産性の向上，作業の平準化，コスト削減に取り組ん

でいる。また，先進技術への関心も高い。

B法人：＋

土壌診断に基づく精緻な肥料選択や特別栽培により，付加価値の高い米づくりに注力している。事業方針は効率化と省力化による経費抑制を重視した堅実なスタイルである。JA，直売，直販の割合がそれぞれ1/3とバランスが取れており，Eコマースも展開している。

C法人：＋

有機天然肥料を用いた有機栽培に準じた特別栽培を実施しており，取引先からの信頼も厚い。下水汚泥の堆肥化を手掛けているが，ICTなどの先端技術の導入については費用対効果を慎重に検討している。

D法人：＋

技術力は長年の実績に裏付けられている。可変施肥を実施し，土壌診断に基づいた工程管理を志向している。収穫量は町内で中位に位置するが，畑作4品（キャベツ，大根等）に集約し，ドローンによる緑肥の散布や自動操舵技術の採用，選別省力化技術の導入に取り組んでいる。

E法人：＋＋＋

同じ柑橘産地内の六次産業化事業の成功企業との比較研究を行った。同社のビジネスモデルは多角的な情報収集力と徹底した販売戦略に基づいており，現在の優位性は今後もしばらく持続すると結論できる。

《環境制御型農業（F）》

F法人：＋

品質管理が徹底されており，優良な菌種とオーガニックな菌床を用いた大量栽培を行っている。厳格なトレーサビリティを実施し，オーガニック椎茸を消費者に提供しているが，販売戦略には改善の余地がある。

《畜産農業（G, H, I, J）》

G法人：－－

生産（肥育）システムと環境管理は現行の施設で合理的に展開されている。代表者が獣医資格を持つことに優位性はあるが，高付加価値の取り組みに対応していく余裕は見られない。

H法人：＋＋

高度にシステム化された管理体制のもとで合理的な経営が行われている。労働軽減を目指したさらなる自動化とシステム化に向け，生産性向上と投資採算性の検証が持続的に行われている。

I法人：＋＋

投資計画に従った設備更新が行われている。新旧の畜舎・設備の特性を踏まえ，現状の設備に適合した飼養管理が実施されている。さらなるシステム化に向けた生産性向上と投資採算性の検証が持続的に行われており，牛の行動モニタリングシステムで健康状態を監視するなど常に先進的である。

J法人：＋＋

計画に従って設備更新が進められており，既存畜舎と新設畜舎が適切に運営されている。飼養管理が適切に行われており，システム化と生産性向上に向けた投資採算性の検証が継続して実施されている。

耕種農業では，環境への配慮と生産性の向上が主要な課題であり，技術革新や省力化が進行している。多角的な情報収集力と徹底した販売戦略を駆使することで，持続的な優位性を確保できる。今後の課題としては，技術導入に対する慎重さがイノベーションの阻害要因とならないよう，費用対効果を見極めた投資とICT技術の積極的な活用が求められる。環境制御型農業では，品質管理が徹底されている一方で，販売戦略の強化が求められる。優れた生産体制を持ちながら，競争の激しい市場で競争力を高めるためには，消費者ニーズを的確に捉えた効果的な販売戦略の構築が必要である。畜産農業では，システム化と自動化が進展するなかで，生産性向上と投資採算性の検証が継続的に行われている。先進的な技術の導入が持続可能な経営に寄与し

ており，経営の多角化や新たな収益源の確保が今後の重要な課題となっている。各農業分野に共通する今後の課題としては，技術革新，効率化，販売戦略の強化が挙げられる。これらの課題に対応するため，各農業法人が地域社会と連携し，地域全体の経済や社会の安定に貢献することが求められる。

(6) 「⑥環境分析」に関する分析

事業の持続可能性を評価するためには，国内外およびエリア特性から見た資源環境，農業者を取り巻く経営環境，行政や金融との関係，市場や同業者との競合環境を総合的に分析することが重要である。具体的には，資源環境や経営環境，関係官庁や金融機関との協力関係，市場や同業者との競合環境など，多岐にわたる要素を考慮する必要がある。特に，環境要因は農業の新規参入時におけるレギュレーションの克服に関連し，対象事業者と標準的な事業者との比較やベンチマークとの比較が重要である。この差異が何によってもたらされているのかを把握することが求められる。さらに，地域特性との適合や地域社会への波及効果，市場の需要動向や業界全体の動向，新規参入障壁も評価の対象となる。特に新規参入においては農業のレギュレーションの克服が重要であるが，同一地域内での優劣が明確に認識されているのに対して，主要商品の優位性や市場地位などの指標から強みと弱みを洗い出し，市場をめぐる利害関係者との協力関係や競合関係，ビジネスモデルの有効性から総合的に評価することが求められる。

環境分析に関する分析結果は表6-6および下記のとおりである。

《耕種農業（A，B，C，D，E）》

A法人：＋＋

地域環境に適合しており，近年は集荷販売による業容拡大が進んでいる。金融機関が同社の経営方針を理解しているかは未知数であるが，関係は良好である。県外事業者や有機農業に関心を示す海外企業への販路拡大を図り，高い集荷能力を背景に競争力を強化している。

表 6-6　環境分析に関する各法人の達成度

| | | | 耕種農業 | | | | | 環境制御 | 畜産農業 | | | |
| | | | A | B | C | D | E | F | G | H | I | J |
中分類	評価項目		水田作	水田作	野菜作	畑作	果樹作	菌床きのこ	養豚	採卵鶏	肉用牛	酪農
6-1 地域環境	地域特性との適合		5	5	5	5	5	3	3	5	5	5
	地域社会・コミュニティ		5	3	3	3	5	3	1	3	3	3
6-2 経営環境	業界動向		3	3	3	3	3	3	1	3	3	3
	需要動向		3	3	3	3	3	3	3	3	3	5
	参入障壁		3	1	3	3	3	1	3	5	5	5
	市場環境		3	1	3	1	3	1	1	3	3	5
	事業継続性		1	1	1	3	5	1	1	3	3	3
	金融機関との関係		1	3	3	3	5	1	0	5	3	3
	支援者・協力者の存在		3	1	3	3	5	1	3	3	3	3
6-3 競合環境	主要商品の評価		3	3	3	3	5	3	3	3	5	5
	市場位置		3	3	3	3	5	3	3	5	5	5
	販売力		5	3	3	3	3	3	3	3	3	3
	競争力		3	3	5	3	3	3	3	3	3	3
	ビジネスモデルの有効性		3	3	3	3	5	3	1	5	3	3

(左端に縦書きで「環境分析」)

出典：筆者作成

B法人：＋＋

　平地での圃場管理が行われており，生産性に課題はない。金融機関との関係は良好と推察される。通販や直売所での個人向け販売，飲食店からの安定的な取引により高い評価を得ている。地域唯一の特別栽培米の栽培者として，検査体制や品質へのこだわりが消費者の信頼を得ている。

C法人：＋＋

早くから農福連携や地域コミュニティの場を提供し活動は著名である。金融機関からの出向者を受け入れるなど，金融環境は良好と推察される。比較的早期に六次産業化に着手し，市場ニーズに対応した生産体制を構築。紆余曲折を経ながらも競争力を有している。

D 法人：＋

著名な畑作地域に位置し，地元農業経営部会活動にも積極的に関与する。金融機関とは良好な関係を保っている。農産物は農協向けが中心で安定的であるが，加工品は卸業者や個人リピーター向けが中心で，若干の優位性を持つ。今後は商品戦略に基づいた販売先の獲得が競合環境を左右するだろう。

E 法人：＋＋

地域連携や地産地消，収穫体験，インターンシップの活用など，社会貢献活動に熱心である。金融機関との関係は良好と推察される。社員全員が販売意識を持ち，全国に販路を開拓。農業外の社会貢献事業への多角化が消費者の獲得につながるなど好循環である。販売力と商品力がともに高い。

《環境制御型農業（F)》

F 法人：｜

地域連携や地産地消，食育体験，施設見学や収穫体験など，社会貢献活動に熱心に取り組んでいる。金融機関との関係も良好であり，メインバンクからの運営支援を受けて効果を上げている。国内の激しい産地間競争に晒され商品の差別化に苦慮，コスト競争や品質向上に加え，販売戦略を構築中である。

《畜産農業（G, H, I, J)》

G 法人：―

地域環境は大きな変動要因もなく安定している。地域金融機関による支

援を受け，経営改善を図っている。地域における養豚事業者は激減しているが，販売先が固定化しているため販売価格は低迷している。飼料代と動燃費の高騰もあり，経営環境の好転までには時間を要すると考えられる。

H法人：＋＋

鶏糞を発酵堆肥化し，地域内循環型農業の確立に向けた取り組みを行っている。地域金融機関との関係は良好で，長い取引関係を持続している。販路は安定しているが，市場価格の動向に影響を受けやすい。ひなの仕入れや飼料価格の交渉を注意深く行い，大口販売先も安定的に確保している。

I法人：＋＋

飼料の自社調達や堆肥化を含む生産工程が地域内で整然と整備されている。メガバンクや地域金融機関との関係は概ね良好と推察される。国内大手の食肉卸売業との長い取引歴があり，安定したビジネスモデルを維持している。地域内での出荷シェアも高く，肉質に対する評価も高い。

J法人：＋＋

飼料生産から肥育・搾乳，堆肥活用まで，地域一体となった経営が実現している。金融機関との関係は良好と推察される。A2ミルクに対する国内の関心が高まり，自社の地位を確立している。自主流通先を確保し，高い品質評価を得ている。独自のビジネスモデルを完成させ，安定的に推移している。

　各農業分野において，地域環境や金融機関との良好な関係が，経営安定の基盤として重要な役割を果たしていることが理解できた。耕種農業では，地域との連携や販売戦略の強化が特に求められており，競争力の維持には商品戦略のさらなる洗練が不可欠である。環境制御型農業では，品質向上とコスト競争力の両立が課題であり，特に差別化を図るためのマーケティング戦略の強化が重要である。畜産農業においては，市場価格の変動や外部環境への

第 6 章　企業価値創造プロセスの比較研究　　　211

依存度の高さがリスクとして浮上しているが，独自のビジネスモデルの強化や飼料自給率の向上が，持続可能な経営の実現に寄与している。それぞれの農業分野において，外部環境への依存を減らし，競争力を高めるための戦略的な投資とマーケティングの強化が不可欠である。これらの課題に対処するためには，地域社会との連携を一層強化し，持続可能な経営を実現するための包括的な取り組みが求められる。

(7)　「⑦リスク分析」に関する分析

　事業者単独ではコントロールできない広域的な災害リスクや市場変動への備え，ならびにリスクに直面した場合の短期・長期の対応力を「持続可能性」として評価する。具体的には，災害リスクや市場変動への備えと，それらのリスクに直面した場合の短期・長期の対応力が重視される。また，対応力の限界について対外的に説明する能力も重要である。リスク発生確率よりも，事業者が構築した事業継続計画 (BCP) の実行可能性や対応力が評価される。これには，対策の有効性や補償条件が事業継続の観点から検証されることが含まれる。事業者がリスクを認識し，具体的な対策の有効性や事業への影響を理解し，これを外部に説明する能力も評価される。リスク対応力や許容範囲を把握し，事業のレジリエンスを発揮しつつリスクを適切に管理する能力が重視される。事業者が構築した BCP の実行可能性やリスク認識，対外説明能力の総合的な評価が，事業の持続可能性を高めるために重要である。

　リスク分析に関する分析結果は表 6-7 および下記のとおりである。

《耕種農業（A, B, C, D, E)》

　A 法人：±

　　対外的に表明できる BCP（事業継続計画）や具体的な説明資料は存在しないが，市場変動に非常に感応度が高い。担い手の確保にも注力しており，当面は経営発展が持続すると予想される。

　B 法人：±

表6-7　リスク分析に関する各法人の達成度

リスク分析 中分類		評価項目	耕種農業					環境制御	畜産農業			
			A	B	C	D	E	F	G	H	I	J
			水田作	水田作	野菜作	畑作	果樹作	菌床きのこ	養豚	採卵鶏	肉用牛	酪農
	7-1 リスク管理	自然災害・事故（BCP対応）	1	0	0	1	3	1	3	3	1	3
		気候変動	0	0	1	0	0	0	1	3	1	1
		資源枯渇	0	0	0	0	1	1	1	1	3	3
		市場価格変動	3	1	3	1	3	1	3	3	3	3
		コスト変動	3	3	3	3	3	1	3	3	5	3
		共済・保険制度	1	1	1	1	3	3	1	3	3	3
		その他付保の内容	1	1	1	1	1	0	0	1	1	1
	7-2 リスク耐性	担い手・就業者の減少	3	1	3	3	3	3	3	1	3	3
		現行制度等の改廃による影響	1	1	1	1	3	3	1	5	5	3
		各種リスクに対する対応力	1	1	1	1	3	3	3	3	3	3

出典：筆者作成

　　対外的に表明できるBCPや説明資料は存在しない。水田専業者の典型
　　例であり，農業政策や補助金の動向に注目している。資材高騰や担い手
　　の高齢化などの課題解決が求められている。
C法人：±
　　対外的に表明できるBCPや説明資料は存在しないが，長い業歴の中で
　　経験が蓄積されており，リスク管理に相当な注意が払われている。リス
　　ク対応について無策ではない。
D法人：±
　　対外的に表明できるBCPや説明資料は存在しない。個々の農業事業者
　　としての対応範囲は限定的と考えられがちだが，リスク管理と持続可能

性についての検討が必要である。

E法人：＋

　完成度の高いBCPや説明資料は存在しないが，経営者自身が潜在的リスクを認識し，合理的な手法で解決している。

《環境制御型農業（F)》

F法人：－

　対外的に表明できるBCPや説明資料は存在しない。経営管理手法に優位性を持つが，グループ会社の庇護のもとで有効な対策を打ち出せていない。

《畜産農業（G, H, I, J)》

G法人：±

　対外的に表明可能なBCPや説明資料は存在しない。農場は適切に管理されているが，経営者に依存する管理体制のため，属人的なリスクが極めて高い。

H法人：±

　鳥インフルエンザなどの疫病リスクや飼料高騰問題，卵価，鶏卵消費の動向，アニマルウェルフェアへの対応など，絶え間ない経営課題に直面しているが，経営体力でカバーしている。対外的に表明可能な完成度の高いBCPや説明資料は存在しないが，高い水準で事業が運営されている。

I法人：＋

　完成度の高いBCPや説明資料は存在しないが，事業運営は高い水準にある。大口出荷先との継続取引が経営に大きなインパクトを与えており，一定の市場変動リスクを抱えつつも，固定の割合を高めて経営安定化と収益化を目指している。

J法人：＋

完成度の高い BCP や説明資料を準備している。事業運営は高い水準にある。自給飼料の活用により生産費上昇リスクを抑え，付加価値の高い販売戦略を長年にわたって実践している。これらの先進的な取り組みが人材確保につながり，好循環を生んでいる。

　本分析により，各農業法人における BCP（事業継続計画）の策定状況とリスク管理の実態が明らかになった。耕種農業においては，市場変動や政策依存に対する対策が不十分であり，具体的な BCP の策定が進んでいない。今後は，担い手の確保や資材高騰といった課題に対応するため，リスクの具体的な洗い出しとリスク管理の理解が求められる。環境制御型農業では，財務的な経営管理は行われているが，グループ会社の庇護に過度に依存しているため，リスク対策が不十分である点が課題である。この課題に対処するためには，品質管理や市場変動に対応する具体的な計画が必要である。畜産農業においては，属人的な管理体制や市場変動リスクが経営の不安定要因となっており，BCP の策定とリスク管理の改善が不可欠である。特に，経営者依存の管理体制から脱却し，自給飼料の活用や付加価値の高い販売戦略を有効なリスク対策として認識することが最優先課題である。以上のとおり，各農業分野において持続可能な経営を実現するためには，リスク管理の強化と具体的な BCP の策定が必要であり，これにより経営の安定性が高まり，外部環境の変動に柔軟に対応できる体制が構築されるだろう。

(8)　ESG 関連項目への取り組みと経営の持続可能性に関する評価

　ESG 関連項目への取り組みは，企業の投資余力に大きく依存する。特に，川下業界からの強い要請により新たな取り組みを迫られる業界や企業では，ESG を契機とした事業者間の競争が加速する可能性が指摘されている。事業規模にかかわらず，持続的な企業運営が最も重要な要素であることに注目すべきである。特に，企業の財務パフォーマンスに影響を与える可能性が高いサステナビリティ課題を特定する際には，中長期的に企業価値にインパク

トを与える事項や重要事象を考慮することが求められる。特に，リスクファクターを正確に認識し，それに対応する準備が整っているかを確認することが重要である。また，持続的な農業活動が経営のレジリエンスに与える影響にも注目する必要がある。ESG 要素を網羅的に分析することは，農業経営に知見のない利害関係者に対しても判断を促すうえで有効である。そのうえで，財務パフォーマンスに影響を与える重要な項目を農業類型ごとに抽出し，評価を行うことが求められる。このような包括的アプローチにより，持続的な経営と企業価値の向上が期待できる。

ESG 関連項目の分析結果は表 6-8 および下記のとおりである。

《耕種農業（A, B, C, D, E）》
A 法人：＋

　A 法人は，地域における有機農業の拡大を主導しており，環境保全や水資源の管理など，環境面での取り組みを幅広く行う。また，地域社会との積極的な関与も見られ，地域農業への深い愛着が経営に反映されている。一方で，気候変動への対応や耕畜連携といった，事業継続性と直結しない要因については，企業収益に直接影響を与えにくいため，認識が低い。しかし，今後のグローバル市場拡大に伴い，これらの対応が進展することが期待される。

B 法人：＋

　B 法人は，エコファーマー認定や特別栽培農産物認証を取得している水田作専業者であり，土壌診断や生産技術の工夫を通じて，付加価値の高い経営を行っている。ESG に関連する活動も高く評価されているが，これらが直接的に収益に結びつく機会が少ないためか，経営における関心はそれほど高くない。

C 法人：＋

　C 法人の経営者は有機農業の先駆者であり，栽培管理において ESG 要素への意識が高い。地域との連携では，農福連携を積極的に導入してい

表6-8　ESG関連項目に関する各法人の達成度

ESG		評価項目	耕種農業					環境制御	畜産農業			
			A	B	C	D	E	F	G	H	I	J
			水田作	水田作	野菜作	畑作	果樹作	菌床きのこ	養豚	採卵鶏	肉用牛	酪農
E	1	気候変動への対応	0	0	1	0	0	1	1	3	1	1
	2	水利用のマネジメント	3	3	3	3	3	3	3	3	3	3
	3	エネルギーのマネジメント	1	1	3	3	3	3	3	3	3	3
	4	廃棄物	3	3	3	3	5	5	1	3	5	5
	5	生物多様性	3	1	1	1	3	5	1	3	3	3
	6	土壌保全	5	5	5	3	3	3	3	5	5	5
	7	耕畜連携	1	1	1	3	1	1	3	5	5	5
S	1	地域社会・コミュニティへの貢献	5	3	5	3	5	3	1	3	3	5
	2	景観保全	3	1	1	1	1	1	1	1	1	1
	3	地域における農業の在り方	5	3	5	3	3	3	5	5	5	5
	4	従業員への配慮	3	3	3	3	5	3	3	5	5	5
	5	ダイバーシティの取組	3	3	3	3	3	3	3	3	3	3
	6	顧客への誠実さ	3	3	3	3	5	1	1	3	3	5
	7	サプライチェーンにおける連携	3	3	3	3	3	3	1	3	3	3
G	1	企業倫理・コンプライアンス	3	3	3	3	3	3	1	3	3	3
	2	リスクマネジメント	3	1	3	3	5	3	3	5	5	5

出典：筆者作成

　るが，ガバナンス面では対外発信や組織内共有が不足している。これは無関心からではなく，具体的なアウトプットの機会が限られているためであると考えられる。

　D法人：±

　D法人は，経営理念を定め，管理会計への関心を高めている農事組合法

人であるが，表明可能な ESG 指針や説明資料が存在しないため，評価
は低い。しかし，地域との強いつながりがあり，各種課題に対応できる
ポテンシャルを持つ。経営組織がシンプルなため，生物多様性や耕畜連
携に対する取り組みは限られている。耕種農業における耕作面積は広大
であるものの，経営組織の構造が非常にシンプルであることも一因であ
ると思われる。

E 法人：＋＋

E 法人は六次産業化を達成した企業として著名であり，地域でのベンチ
マーク的存在である。廃棄物管理やダイバーシティへの取り組みが
ESG 評価の高評価につながっているが，食物残渣に対する経営課題の
解決が，そのまま廃棄物管理における高評価につながり，人材確保の必
要性から各種取り組みがなされた結果，これが従業員への配慮やダイ
バーシティへの取り組みに直結するなど，ESG に対する感度が非常に
高い。

《環境制御型農業（F)》

F 法人：＋

F 法人は，環境制御された生産体制のもと，親会社の指導により健全な
経営を維持している。省エネ技術の導入や安定したエネルギー源の確保
により，ESG の観点からも評価されるが，経営者の理解が不十分な点
が課題である。気候変動への対応などの感度は相対的に低いと考えられ
る。

《畜産農業（G, H, I, J)》

G 法人：―

G 法人は，全般的に ESG 関連の評価が低い。これは，近年の経営状態
を反映しており，経営者依存の属人的な管理体制が長期にわたり続いて
いるためである。同社では，健全な経営へ回帰するために必要な重点施

策の実行途上にあり，従業員への配慮（人材確保の必要性に基づく対応），耕畜連携（廃棄物処理の観点からの必要性），および経営リスクを最小限に抑えるためのリスクマネジメントなどについては一定の評価を得ている。

H 法人：＋＋

H 法人は，大手採卵鶏会社として確立した生産システムを持ち，ESG の観点から高い評価を受けている。耕畜連携や従業員，地域への配慮がされており，鳥インフルエンザ対策も含め，リスクマネジメントが徹底されている。他にも，鶏糞堆肥の有償・無償の配布を含む対策により全量処理を実現（耕畜連携）しているほか，優秀な人材の確保のために従業員や地域への配慮について考慮されている。

I 法人：＋＋

I 法人は，ESG 関連要素において高い水準を維持している。廃棄物処理や耕畜連携など，環境負荷の小さい農業を実践しており，人材確保のための地域への配慮もなされている。大規模設備投資とリスクマネジメントのバランスを図りながら経営が行われている。畜産業と廃棄物処理の関係は切実であるが，独自の堆肥化，耕畜連携による環境負荷の小さい農業を志向するなど，先んじた対策がなされてきた。一方で，優秀な人材の確保のために従業員や地域への配慮が考慮されるなど，余念がない。

J 法人：＋＋

J 法人は，ESG 要素を経営理念に積極的に取り入れており，市場リスクを抑えつつ，先行投資を進めている。酪農と地域資源の活用による社会貢献を社是として掲げており，商品開発や人材確保にも力を入れ，リスクマネジメントも徹底している。

耕種農業と畜産農業を比較すると，畜産農業の方が全般的に ESG への取り組みが進んでおり，環境制御や先行投資を通じて持続可能な経営が実現されつつある。一方で，耕種農業は地域社会への貢献度は高いが，具体的な環

境対応や ESG への取り組みが不足している。今後の課題として，耕種農業においては，環境対応を強化し，ESG 要素を具体的な成果に結びつけるための戦略的なアプローチが求められる。畜産農業では，すでに進んでいる ESG 関連の取り組みを維持しつつ，リスクマネジメントの強化が重要である。また，どちらの農業形態においても，経営者のリーダーシップが強い影響を与えるため，属人的なリスクに対しては経営体制の見直しとリスク管理のさらなる強化が必要である。ESG 要素を経営戦略に組み込み，持続可能な経営を実現するためには，長期的視点に立った戦略的な取り組みが不可欠である。

3　企業価値創造プロセスの比較研究のまとめ

　企業価値を評価する際，事業規模にかかわらず持続可能な経営が最も重要であり，その価値は多くの利害関係者に還元される。また，持続可能な農業活動が経営のレジリエンスに与える影響にも注目した。本章では，農業経営に知見がない利害関係者でも理解しやすい評価項目を整理し，定性評価を通じて農業法人の付加価値創出を把握できるように各法人ごとにそれぞれの要素について簡潔にまとめたうえで比較分析を行った。さらに，ESG 関連要素に着目し，新技術の導入，環境配慮型農業，地域社会との連携が農業経営に与える影響を評価した。これにより，各要素が持続可能性や競争力の向上にどのように寄与するか，その関係性を明確にすることができれば，本章の比較研究は意義深いものとなる。

　企業価値の評価には，サステナビリティ課題の特定が不可欠である。農林水産省の「ESG 地域金融実践ガイダンス」を参考に，業種ごとに財務パフォーマンスに影響を与えるサステナビリティ課題を抽出し，特に投資判断に有用な情報開示やサプライチェーンの持続可能性リスク（GHG 排出量，飼料調達，福祉，廃棄物管理など）を重要な検討事項として明確にした。また，営業展開や海外輸出，資金調達，ESG 取り組みに伴うコスト負担，そ

してそれらを支えるガバナンスの重要性も強調される。

　特に，川下業界からの要請により新たな取り組みが求められる場合，ESG
対応が企業の成長可能性や超過収益力の源泉となる。財務パフォーマンスに
影響を与えるリスクを認識し，農業法人が適切な対応策を講じているかを評
価することが，意思決定の質を向上させ，企業価値の最大化に繋がると考え
られる。

（1）　分析結果一覧

　定性評価と ESG 関連項目の両方を踏まえた分析結果を表 6-9 にまとめた。
ここでは定性評価のスコア上位順に配列している。

H 法人：3.93 点 Positive（ESG：3.38）
　　事業計画は慎重に策定されており，無理なアップサイドプランは不要と
　　判断されている。強いリーダーシップと経営手腕を持ち，明確な経営戦
　　略が特徴である。また，環境制御設備の生産性分析や設備更新投資のシ
　　ミュレーションを精力的に行い，持続可能な経営を実現している。

J 法人：3.90 点 Positive（ESG：3.75）
　　個別の課題はあるものの，地域や取引先との強い一体感を持ち，経営力
　　が高い。経営者のリーダーシップと経営手腕，明確な戦略が特徴であり，
　　協力事業者との関係を通じて地域の重要企業としての地位を確立してい
　　る。広大な農地を活用し，自主飼料供給による一体管理が行き届いてお
　　り，設備の生産性分析や更新投資のシミュレーションにも積極的に取り
　　組んでいる。

E 法人：3.74 点 Positive（ESG：3.31）
　　創業以来，経営は順調に発展してきたが，六次産業化による成長の次の
　　ステージに向けた新たなモデルが必要である。今後の成長のためには，

第 6 章　企業価値創造プロセスの比較研究　　　　221

表 6-9　分析結果のまとめ

		採卵鶏	酪農	果樹作	肉用牛	畑作	野菜作	水田作	環境制御	水田作	養豚
		H 社	J 社	E 社	I 社	D 社	C 社	A 社	F 社	B 社	G 社
定性評価	合計	263	261	258	241	199	187	185	180	161	151
	（平均）	3.93	3.90	3.74	3.60	2.88	2.71	2.68	2.61	2.33	2.25
ESG	合計	54	60	53	56	41	46	47	44	37	30
	（平均）	3.38	3.75	3.31	3.50	2.56	2.88	2.94	2.75	2.31	1.88

出典：筆者作成

設備投資や研究開発への先行投資を強化し，社内の優秀な人材を活用することが求められる。地域資源を基盤とした成長企業として注目されるが，持続的成長を目指す上での課題も抱えている。

I 法人：3.60 点 Positive（ESG：3.50）

グループ会社とともに，地域で重要な役割を果たす企業であり，強固な販売先との関係を持つ。畜産業の投資サイクルと市場サイクルを経営者独自の視点で理解し，現在は基盤固めの時期と認識している。攻守の切り替えに成功し，安定した経営を続けている。

D 法人：2.88 点 Positive（ESG：2.56）

組合運営は効率的に行われ，長年にわたる安定した経営が評価されている。同社の経営理念は，この歴史に基づいて策定されており，PDCA サイクルの記録からも堅実な経営が確認できる。今後も同様の経営が続くことが予測される。

C 法人：2.71 点 Positive（ESG：2.88）

後継者育成に取り組んでいるが，体制はまだ十分ではない。経営者の経験と直感を継承するためには，ノウハウの見える化とマネジメントの移

譲が必要である。個別の課題はあるものの，過去の実績から，地域全体で乗り越えるポテンシャルを持ち，経営者が健在であれば持続可能とみなされる。

A 法人：2.68 点 Positive（ESG：2.94）

急成長する企業であり，経営者のリーダーシップに大きく依存する傾向が強い。持続的発展のためには，業務の集中を避け，組織運営を強化する必要がある。資本が限られているため，超過収益力が高まる傾向があるが，持続可能性の観点からは慎重に注視する必要がある。

F 法人：2.61 点 Fair（ESG：2.75）

市場が軟調で，販売戦略が企業の命運を左右している。イノベーションの余地は限られており，明確な販売戦略の策定が求められる。現状では新規投資資金を吸収する余力が乏しく，事業計画次第では成長の可能性もあるが，現時点では材料に欠ける。

B 法人：2.33 点 Positive（ESG：2.31）

堅実な家族経営スタイルを維持しており，予想されるリスクに対しては防衛的な対応が主である。今後は，単独で対応が難しい事象にも意識を向け，リスク対応を強化する必要がある。

G 法人：2.25 点 Negative（ESG：1.88）

経営環境は依然として厳しく，後継者問題が経営者の高齢化とともに顕在化している。繁殖・肥育技術は合理的だが，飼料調達や肥育管理に属人的な依存が強く，市場環境の変化が経営に悪影響を及ぼしている。

(2) 考 察

本分析により，耕種農業，環境制御型農業，畜産農業の各分野における経

営課題と持続可能性の要因が明らかになった。耕種農業では，経営者のリーダーシップに依存しがちな一方で，持続的発展には組織運営の強化や後継者育成が不可欠である。新たな成長モデルの模索や業務の見える化も重要な課題である。環境制御型農業では，市場の軟調が続くなか，販売戦略が企業の命運を左右しており，限られたイノベーションの機会を最大限に活用することが求められる。畜産農業では，属人的なリスク管理から脱却し，持続可能なリスク管理体制を構築することが課題である。特に，地域や取引先との強固な関係を維持しながら，環境制御された設備への投資を続けることが，経営の安定化と持続可能性向上の鍵となる。経営規模が大きくなるほど，効率化が進む一方で，資本運用やリスク管理の複雑化が進み，それに応じた課題解決が必要となる。地域や市場の特性，経営者のリーダーシップが，経営課題の解決において重要な役割を果たすと考えられる。

第7章
企業価値評価の活用に向けて

田井政晴・吉田真悟

　本章では，これまで検討した企業価値評価のフレームワークの実務や研究への応用可能性を検討したうえで，本書の総括を行う。

1　企業価値評価における実践的なビジネス現場での活用

　企業価値評価は，農業法人や一般法人のM&A，事業再生手続き，金融機関の審査管理，投資ファンドの意思決定において重要なプロセスである。この評価は単なる「機械的な算定式」に基づくものではなく，対象企業の独自性や工夫（例：サステナブルな経営戦略，新規市場の開拓）を適切に反映することで達成される。その中でも，プロジェクション（事業予測）は企業価値評価の基盤を成すものであり，以下の理由から不可欠な役割を果たしている。

(1)　プロジェクションの役割
　プロジェクションは，損益計算書計画やキャッシュ・フロー予測を通じて企業の中長期的な成長可能性を合理的に示し，提供された財務計画の妥当性を検証するとともに，リスクシナリオや感度分析によって不確実性が企業価値に与える影響を評価することで，信頼性の高い企業価値評価を支える基盤となる。対象企業が採用するサステナブルな経営戦略を定量的に裏付けることで，投資家や利害関係者への説明ツールとして信頼を構築する役割を担い，さらに，新規プロジェクトや事業拡大計画を企業価値に反映させることで，

静態的な評価を超えた動態的かつ未来志向の企業価値評価を実現する重要な手段となる。

　プロジェクションの実践プロセスは，三つの段階に分かれる。最初に，対象企業が提供する損益計算書計画の妥当性を検証して信頼性の高い基礎データを構築し，次に，運転資金や資金調達計画に基づくキャッシュ・フロー予測を実施して資金繰りの安定性を評価する。そして，市場変動や外部環境の変化を考慮した複数のリスクシナリオを設定して不確実性が企業価値に与える影響を定量的に分析する。

　このようにプロジェクションは，企業価値評価の基盤を形成する重要なプロセスであり，対象企業の将来性を具体的かつ合理的に示す役割を果たしている。その結果，事業計画の信頼性が高まり，競争力や持続可能性が数値的に裏付けられる。また，評価プロセス全体の信頼性が向上することで，経営戦略の実現可能性を早期の段階で検証し，投資家や利害関係者との信頼構築に寄与する実務的なツールとして機能する。

(2)　プロジェクションの担い手とその役割

　プロジェクションの実施には，法務，財務，資産，事業といった分野ごとに精通した専門家が関与し，それぞれの専門性を活かして重要な役割を果たしている。これらは Due Diligence（デューデリジェンス，以降 DD とする）と呼ばれ，「当然に実施すべき注意義務」と理解される。DD は，企業買収や投融資時に対象企業の価値やリスクを適切に評価するために行う詳細な調査を指す。調査範囲や期間，精度は，ディール（Deal ビジネス・金融用語，具体的には取引や契約，または事業上の合意を指す）の規模や重要性に応じて異なる。

1)　法務の専門家（弁護士など）

　法務の専門家は，取引上の法的リスクを評価し，契約条件や規制の遵守状況を確認することで，プロジェクションが法的な観点から現実的かつ妥当性

を持つことを検証する。特に農業法人の場合，農業関連の特殊な規制（例：農地法や労働法）や契約条件が事業価値に直接影響を与えるため，これらを適切に評価する。例えば，農地利用契約の有効性や規制緩和の適用範囲を検証することにより，事業の安定性を担保する役割を果たす。また，法的リスクに対する予防措置を講じるための助言も行う。

2) 財務分析の専門家（公認会計士など）

財務の専門家は，損益計算書やキャッシュ・フロー予測を作成するために，財務データを詳細に分析する。これには，収益性やコスト構造，資金調達計画の検討が含まれ，提供された財務資料が妥当で信頼性があるかを評価することで，プロジェクションの基盤を構築する役割を担う。特に，農業法人のように季節変動が大きい事業では，年間を通じた収益予測や運転資金の変動に対する深い理解が必要である。さらに，収益性の改善余地やキャッシュ・フローの安定性を評価し，投資家や利害関係者に説得力のある情報を提供する。

3) 資産評価の専門家（不動産鑑定士，資産評価士など）

資産評価の専門家は，企業が保有する固定資産の適切な評価を行う。農地や農業用機械，特殊生産機械，家畜といった農業法人特有の資産も含め，これらの時価価値を適切に見積もり，プロジェクションに反映させる。例えば，農地の収益ポテンシャルや農業用機械の減価償却状況を調査し，事業価値の基盤を構築する。また，設備投資の必要性や資産の流動性も考慮し，将来の資本コストやキャッシュ・フローに与える影響を定量化する。

4) 事業評価の専門家（M&Aアドバイザー，コンサルタントなど）

事業評価の専門家は，対象事業の将来性や競争環境を分析する。具体的には，業界動向や市場ポジションに基づき，成長可能性やキャッシュ・フローの実現可能性を評価する。また，農業法人に特有のリスク要因として，市場変動，気候条件，輸出入規制なども考慮する。これらを踏まえた上で，リス

ク軽減策を提案し，事業の収益性や持続可能性を向上させるための戦略を示す。さらに，新市場開拓や技術革新の可能性を分析し，事業価値の向上に向けた具体的な提案を行う。

　プロジェクションは，これらの分野の専門家がそれぞれの視点からデータを収集・分析した DD の結果をまとめ，その結果を統合することで成り立っている。このプロセスにより，企業価値評価が単なる数値計算ではなく，法務的妥当性，財務的安定性，資産価値，事業成長性といった多角的な要素を包括的に反映したものとなる。特に農業法人のような特殊な業界では，各専門家の協働が評価の信頼性を確保するためにも欠かせない。

(3)　専門家の立場から

　本章ではここまで，企業価値評価の概念が DD の枠組みの中でどのように活用されるのかについて論じてきた。本節では，特に法務と財務の観点から，農業法人における DD の実務的意義とその重要性について，現場で活躍する専門家の見解を基に具体的に考察する。

　最初に，農業法人の法務問題に精通している弁護士である大城章顕氏が，M&A を中心とした法務 DD の位置付けとその必要性について述べる。同氏は，農業法人特有の規制や契約条件が事業価値に与える影響を念頭に置き，法務 DD の重要性を強調している。

　次に，農業法人の財務会計に詳しい齋藤智之氏（齋藤公認会計士・税理士事務所，公認会計士・税理士）は，再生支援機関における長年のキャリアと，様々なポジションで事業再生に取り組んできた実績を基に，M&A や事業再生における，財務 DD の重要性について述べている。これらの専門家の見解を通じて，農業法人における DD の実務的な意義を掘り下げ，法務と財務が企業価値評価において果たす役割を明らかにする。両専門家には，「M & A における DD の必要性について」というテーマで見解をまとめていただいた。

1）　法務デューデリジェンス（弁護士：大城章顕氏）

M&A における法務デューディリジェンスとは，「M&A の実行に際して当事者（特に買主）の意思決定に影響を及ぼす法的な問題点を調査・検討すること」を意味しています。M&A の成否は，法務も含めたデューディリジェンスが握っていると言っても過言ではありません。

このように大きな重要性を持つ法務デューディリジェンスは，M&A 実行の可否や買収価格の算定，さらには買収後に事業を想定通り継続・発展させることができるかを判断するために行われます。このような目的を持つデューディリジェンスは，M&A 後のトラブルや損失を未然に防ぎ，円滑な事業統合を目指すためには必要かつ重要なものです。

法務デューディリジェンスは，①秘密保持契約の締結，②資料の請求と開示，③インタビューの実施（追加の資料請求・開示を含む。），④結果に関する報告書作成・報告，といった流れで進みます。法務デューディリジェンスに必要な時間は，対象企業の規模や調査範囲によって変わるものの，非上場会社の場合には 2 週間から 1 ヶ月程度が一般的です。

調査対象項目は，株式・持分，会社組織，資産，知的財産権，ファイナンス，取引契約，労務，訴訟・紛争，許認可，コンプライアンスなど多岐にわたります。もっとも，常に全項目を対象とする必要はなく，M&A の規模やリスクの大小・可能性といった実情に応じて必要な項目を絞り込むことが重要です。

そして，法務デューディリジェンスの重要性は，農業法人の M&A でも異なりません。農業法人の M&A では，①株式・持分の保有（売主が株式や持分を適法に保有しているか），②農地の利用権（農地法に基づく農地の利用に関する権利（所有権や賃借権等）が適法に取得されているか），③労務関係（労務に関する法令違反がないか），④助成金・補助金（不正受給や M&A によって返還義務が生じないか），⑤スマート農業（データの利用権や自動運転の法的リスク等）といった点が特に重要です。

このように，農業法人の M&A の成功のためには，法務デューディリジェ

ンスをしっかりと行うことが重要ですが，費用と時間には限りがあります。M&A 取引の規模やリスクを考慮し，弁護士などの専門家の協力を得ながら，効率的かつ効果的なデューディリジェンスを実施することが大切です。そうすることで，単に買収することが目的ではなく，買収した事業を発展させることができる＝M&A を成功させることができるのです。

2）　財務デューデリジェンス（公認会計士・税理士：齋藤智之氏）

財務デューデリジェンスは，調査対象企業の財務状況を正確に把握するために行われます。常に会計監査人の監査を受けていない企業では，計算書類をそのまま投資判断に使用することは適切ではありません。なぜなら，計算書類は税法基準に左右され，投資判断には不適切な処理が含まれる場合があるからです。例えば，土地などの資産は取得時の価額で計上され，評価替えが行われていないことがあります。また，簿外資産や負債，誤謬などのリスクも存在します。

財務デューデリジェンスの目的は，例えば M&A の場面では，対象企業の財政の実態を把握し，買収時の財務リスクを検証することです。これを怠ると，買収後に含み損や簿外債務が発覚したり，税務リスクが発生する可能性があります。事前にリスクを把握することで，買収価格やスキームに反映させることが可能です。デューデリジェンスは通常，公認会計士や税理士などの専門家によって，以下の流れで実施されます。すなわち，実施計画の策定，キックオフミーティング，資料の開示請求，調査・検討（インタビューや現地調査を含む），中間報告，最終報告の順で行われます。

M&A 目的の財務デューデリジェンスでは，報告書は以下の項目を含むことが一般的です。①基礎的情報分析（沿革，事業概要，組織等），②収益力分析，③キャッシュ・フロー分析，④貸借対照表分析，⑤事業計画分析。これらの分析は，M&A の投資判断に必要不可欠です。特に①〜④は⑤の事業計画分析の基礎となります。また④で事業用資産と非事業用資産を区分し，有利子負債や非経常項目を特定することは，株式価値の算定基礎となります。

このように，個々の項目同士が関連性を持つこととなります。

　財務デューデリジェンスは，その目的に応じて調査内容や報告内容が異なります。事業再生の場合の目的は，企業の窮境状況を数値化することです。このため，報告書には基礎情報，窮境要因，正常収益力，貸借対照表分析，過剰債務や借入金の状況，担保・保証の状況，代表者の資産状況などが記載されますが，目的によって記載すべき項目は異なります。

　専門家にデューデリジェンスを依頼する際は，その目的を明確に伝えることが重要です。目的が不明確だと，報告書が不適切な内容となり，話が進まないことがあります。筆者の経験でも，上場企業の財務スタッフが，専門家に依頼した報告書が目的に合致しておらず，M&A の検討が進められなかったことがありました。最終的に，M&A 目的での報告書作成を専門家に再度依頼することで解決しました。

2　企業価値評価の実践的活用：M&A から投資ファンドまで

　企業価値評価は，ビジネス現場において意思決定の根幹を支える重要なプロセスであり，その応用範囲は極めて広範である。本章では，特に① M&A，②事業再生，③金融機関の融資審査，そして④投資ファンドの運用，といった 4 つの具体的な分野に分けて，企業価値評価の実践的活用について考察する。

　M&A においては，適正な取引価格の算定や DD の実施が，買収後の事業運営を円滑に進める上で不可欠である一方で，事業再生では，過剰債務企業の競争力ある事業部分を評価し，再生計画を立案するプロセスが重要な役割を果たしている。金融機関の融資審査では，融資先の信用力と成長可能性を評価し，リスク管理を通じて企業の成長を支援するが，最近では事業成長融資との関係性が深い。また，投資ファンドでは，農業分野を含む長期投資の対象を見極め，ESG 要素を取り入れた企業価値評価を基に，持続可能な収益を実現するための戦略を策定する。

これらの事例は，企業価値評価のプロセスが単なる数値計算にとどまらず，法務，財務，事業，資産といった多角的な視点を融合させた包括的な分析であることを示している。本章では，それぞれのビジネスにおける活用事例を深掘りし，実務的な意義と課題を明らかにする。

(1)　M&A における企業価値評価とプロセスの重要性

M&A（Mergers and Acquisitions）とは，企業の合併や買収を指すが，事業譲渡，資本業務提携，経営権移転なども含む広義の概念である。企業価値評価手法は，一般法人のみならず農業法人の M&A においても適正な取引価格を決定するために不可欠な手段である。具体的には，買収対象企業の財務状況，事業内容，競争力などを総合的に評価し，譲渡側と譲受側の双方が適正価格を設定するために，DD が実施される。

M&A プロセスでは，案件発掘段階から取引当事者双方に外部アドバイザーを選任することが望ましい。外部アドバイザーの関与により，専門的な視点が加わることで取引の透明性と効率性が向上し，重要な意思決定がより的確に行われる。譲渡側は，企業概要書の作成や情報開示の準備を進め，譲受側はノンネームシートによる検討を開始し，マッチングが完了次第，秘密保持契約（NDA）の締結を経て本格的な交渉に入る。この交渉段階では，双方が考える適正価格の査定が重要となるが，譲渡側と譲受側の価格が一致することは稀である。これは，譲受側が得られる情報に制約があるため，営業上の問題点や買収後の義務を完全には把握できず，リスクを織り込んだ査定を行う必要があるからである。その結果，譲渡側にとって厳しい評価額が提示されることも少なくない。さらに，簿外債務，税金滞納，補助金返還請求などの潜在的リスクが後に発覚した場合，買収自体が不成立になるか，提示価格の減額要因となる。その一方で，譲受側は事業拡大やシナジー効果を目的として M&A に臨むため，譲渡側では，取引リスクを軽減するために情報開示を行い，企業価値の向上を図る。また，譲受側に複数の競合相手が存在する場合には，条件交渉や買収価格の設定に大きな影響を与える。

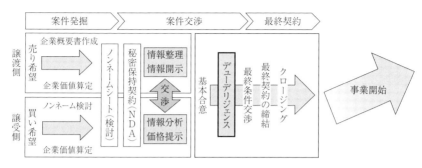

図7-1 一般法人（農業法人）のM&Aフロー図
出典：筆者作成

　基本合意後にあらためてDDが実施され，最終条件が提示された後，契約が締結される。譲受側は，契約締結後，新たな経営理念を掲げ，買収企業の事業運営を開始する。このように，M&Aプロセス全体において企業価値評価とDDの適切な実施は，取引の成功を左右する重要な要素である。

(2) 事業再生手続におけるプロセスと成功への道筋

　事業再生手続きでは，資産と負債の現状を正確に把握し，再生可能な事業部門と不採算部門を明確に分離することで，効率的かつ実効性のある再生計画が策定される。ただし，事業再生の成功には適切なタイミングが不可欠であり，特に経営者の理解と迅速な意思決定が重要である。業績悪化に伴う資金繰りの悪化に対応するためには，返済計画の見直しや再生計画の早期策定が求められる。

　たとえ経営が悪化していても，収益性が期待できる事業部門が存在する場合，新たなスポンサーの支援を得ることで事業再生が可能となる。特に，耕種農業や畜産農業においては，地域社会や周辺環境への貢献により，企業の存続自体に価値が認められる場合が多い。このため，収益性だけでなく，事業資産の投資価値にも注目が集まる。

　事業再生の手法には，大きく分けて債権者との合意に基づく私的再生と，

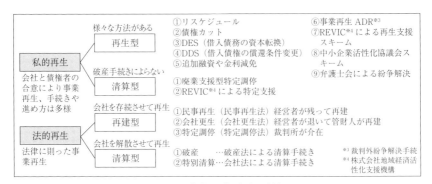

図7-2 事業再生手法の種類

出典：筆者作成

法律に基づく法的再生がある。私的再生は，企業と債権者の合意によって進行し，法的再生は法的手続きに基づいて進められる。また，事業再生（私的再生と法的再生どちらも）には，企業の存続を図る再建型と，企業を清算する清算型が存在する。個人や小規模企業の債務整理には，裁判所を介さずに債権者と交渉し，債務の一部免除，返済期間の延長，利息の減免などを行う任意整理が用いられる場合が多い。任意整理では，農業の継続または廃業の選択が可能であるが，農地の権利移転には農地法の許可が必要であり，売却先が見つからない場合や取引条件次第では資金不足に陥るリスクがある。法人が破産手続きを開始した場合，法人格は消滅し農業経営の継続は不可能となるが，個人経営の場合，破産後も農業を継続できる可能性がある。ただし，破産に伴い資産は売却されるため，再取得が必要となる。

　事業再生のプロセスは，どの手法を用いる場合でも基本的には同じである。まず，検討段階において事業の実態を把握し，設定された期間内に収益が見込めるかどうかを事前DDにより評価する。その後，企業の組織構成や資産・負債状況を詳細に確認し，私的再生または法的再生のいずれが適切であるかを判断し，最適な再生スキームを決定する。

　本格的な段階では，対象事業の詳細な分析および資産・負債の調査を実施し，企業価値およびリスクを評価する。この評価結果に基づき，具体的な事

第7章 企業価値評価の活用に向けて

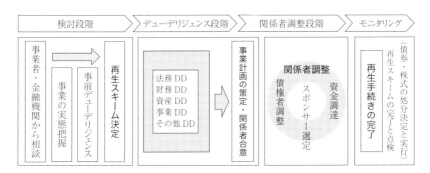

図7-3 事業再生フロー図

出典：筆者作成

業再生計画が策定される。この段階のDDは，債権者やスポンサーとの合意形成において重要な基礎資料となる。スポンサー企業との交渉においては，M&Aのプロセスと基本的には同様の手法が適用される。利害関係者との調整を経て事業再生は進行し，最終的に，資金調達とスポンサーの選定が終わって，事業再生手続が完了する。

(3) 金融機関の審査管理（融資審査と期中管理）

　金融機関の融資審査では，融資先企業の信用力および返済能力が評価される。具体的には，財務諸表の分析，担保評価，事業性評価を通じて融資の可否および条件が決定され，これにより金融機関はリスクを適切に管理しつつ融資を実行する。融資プロセスにおいて，借り手の選別（screening）と監視（monitoring）が特に重要な役割を果たす。融資審査では，財務分析，担保評価，事業性評価などが実施され，これらの結果を基に「自己査定＝格付（債務者区分）に応じた貸倒引当金の算出」が行われる。この査定過程では，財務状況の実態を把握するとともに，不良債権や簿外負債，収益力などが詳細に分析される。また，必要に応じて外部専門家による財務分析や不動産などの資産査定が行われ，これがDDとして位置づけられる。

　融資が実行されると，定期的なフォローアップに移り，必要に応じて毎年

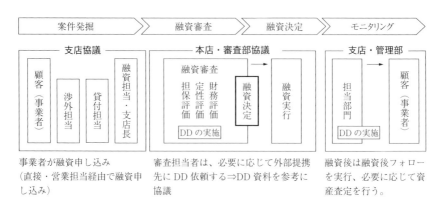

図 7-4　金融機関の融資審査からモニタリング（期中管理）フロー図
出典：筆者作成

の資産査定が実施される。これが融資期間中の継続管理としての DD に該当する。これにより融資リスクの適切な管理が図られる。

　近年，事業成長を担保とする融資や，企業の成長ポテンシャルに着目した新しい融資スタイルが注目されるようになった。この手法では，企業の将来のキャッシュ・フローや収益を基に融資を行い，従来の資産担保型融資とは異なる視点で企業の成長性や収益力を評価する。これにより，企業は成長資金の調達が容易となり，金融機関はリスクを分散しつつ成長企業への支援を強化できる。

　また，企業価値担保権を活用した融資も注目されており，従来の不動産担保や経営者保証ではなく，企業の将来のキャッシュ・フローや収益を担保とし，事業の実態や将来性に基づく評価を重視する点に特徴がある。このような事業性評価融資では，企業の成長戦略，市場ポジション，将来的な収益増加が詳細に評価される。特に成長志向が強い企業やイノベーションを重視する企業に適しており，金融機関にとっても新たな収益源となる手法である。さらに，明確な資産を保有していない企業でも，将来の事業成長性を担保に融資を受ける可能性が高まり，企業の成長促進要因として期待されている。

これらのプロセスでも DD は不可欠である。企業の成長可能性やリスクを正確に評価することで，適切な融資判断が可能となり，結果として事業の継続性と収益性の確保が期待される。DD の実施は，金融機関が融資リスクを適切に管理し，投資機会を最適化するための重要な手段である。

（4） 投資ファンドにおける企業価値評価とプロセス

近年，国内外における安定的な農林水産品の確保が重要課題として認識されている。これに伴い，ファンドによる長期安定投資の必要性が高まっており，特に施設園芸，環境制御型農業，畜産業といった分野では設備産業化が著しい分野に対して，農業分野は長期的な投資対象としての可能性を広げている。また，ファンドの組成においては，ESG（Environment, Social, Governance）の要素を意識することが不可欠であり，環境保護，地域社会への貢献，適正なガバナンスを考慮したファンドは，持続可能な成長を目指す投資家に選ばれやすく，農業分野においても同様の意識が求められている。

投資ファンドは，投資家から集めた資金を特定の目的に基づいて事業に投資し，その収益を投資家に配分する仕組みである。この運用のなかで，投資先企業の成長性や収益性を評価するために企業価値評価が行われ，リスクとリターンを明確化し，最適な投資戦略を策定するために DD が行われる。特に，ESG 要素を組み込んだ DD は，投資先企業が持続可能な社会を実現するための方針や行動を取っているかを評価する点で重要である。投資収益を最大化しつつ，持続可能な事業運営を支援し，投資家への利益還元を図ることが可能となる。

投資ファンドの投資プロセスには，案件発掘段階，案件協議段階，投資決定およびモニタリングの段階がある。案件発掘段階では，投資候補先の選定と投資パイプラインの構築が行われ，事前デューデリジェンス（プレ DD）が実施される。ここでは投資先の潜在的な価値や成長可能性について初期評価が行われる。次に，案件協議段階では，無限責任出資者（GP）のファンド担当者が外部専門家に対して財務・資産・事業・法務に関する本格的な

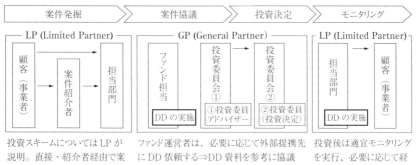

図7-5　投資ファンドフロー図

出典：筆者作成

DDを依頼する。ここで，事業の健全性や成長性を基に投資価値（事業価値評価）が算定され，最終的に投資委員会に諮られる。次に投資決定とモニタリングの段階である。投資が決定された後も，定期的なモニタリングやDDを継続的に実施され，投資計画の進捗状況やリスク管理が適切に評価され，投資の健全性が確保される。

投資ファンドにおける企業価値評価とプロセスは，農業分野を含む多様な業界で重要性を増している。特にESG要素を取り入れたDDは，持続可能な事業運営を支援するための不可欠なツールであり，ファンドの投資戦略において重要な役割を果たしている。

3　農業の事業承継と譲渡の場合

農業法人や一般法人のM&A，事業再生手続き，金融機関の審査管理，投資ファンドの意思決定において，企業価値評価手法はその根幹を支える重要なプロセスである。この手法の基本要素である資産査定，収益予測，リスク分析の枠組みは，農業経営の第三者承継や小規模農業経営体の譲渡にも適用可能であり，これらを通じて新たな課題解決が期待される。

(1) 農業経営における承継支援

　農業経営の承継支援では，農地や施設などの有形資産に加え，経営ノウハウや技術といった無形資産の適切な評価が重要である。この点において，企業価値評価手法の基本である資産査定と将来収益の予測が有効である。これらの手法を農業経営に適用することで，承継プロセスの透明性と合理性を向上させ，持続可能な経営を実現することができる。具体的には，譲渡対象となる農地や施設の時価評価を実施することが不可欠である。

　適正な資産価格を設定することで，交渉プロセスの透明性を高めるとともに，承継後の受け手が合理的な資金計画を立案する基盤が整う。また，農業分野に特有の無形資産，たとえば熟練した技術や，地域ネットワークの価値を評価する枠組みが求められる。これらは通常の資産査定では見過ごされがちだが，持続可能な経営の基盤を構築するうえで不可欠である。無形資産を包括的に評価することで，単なる資産の取引を超え，農業経営全体の価値を引き継ぐことが可能となる。

　さらに，承継後のフォローアップ支援が重要である。特に承継初期の経営安定化を図るため，資金計画や生産計画の合理性を評価し，承継リスクを低減することが必要である。このプロセスを適切に行うことで，承継事業の成

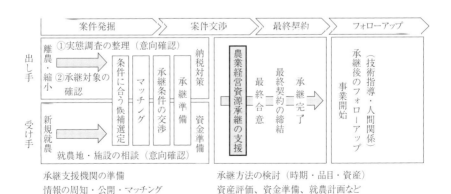

図7-6　農業経営体の第三者承継支援フロー図
出典：宮崎県承継支援マニュアル「第三者承継の進め方」2021年3月をもとに著者作成

功確率を高め，受け手の経営基盤を強化することができる。承継支援組織にとって，このようなフォローアップは，持続可能な農業経営を促進するための重要な役割を果たしている。

（2）　小規模農業経営体の譲渡

小規模農業経営体の譲渡では，標準的な経営指標や地域特性を考慮したデータ分析が鍵となる。このプロセスでは，企業価値評価の基本である「資産査定」と「将来収益の予測」が重要な役割を果たす。特に農業分野では，耕種農業や畜産農業といった分野ごとの特性を踏まえた評価が不可欠である。

たとえば，耕種農業では，水田や畑作の標準的な収量や単価を基に生産性を評価できる。一方，畜産農業では，乳産量や肥育経費，市場価格の推移が収益性やリスク評価における重要な要素である。これらのデータを活用することで，買収対象経営体の健全性や成長可能性を適切に判断し，将来的な収益性を予測することが可能となる。また，これらの評価を基に適正な買収価格を算定することで，譲渡プロセスの透明性と納得性を高めることができる。

さらに，農業用設備や中古資産の時価評価も重要な検討事項である。資材価格の高騰や新規投資が困難な状況においては，農業用ハウス，中古農業用機械，農業用施設の適切な評価が，譲渡価格の妥当性を確保する鍵となる。この評価プロセスを適切に行うことで，公正で透明性のある取引を実現し，買収後の運営リスクを低減することが可能となる。

これらの評価手法を統合的に活用することで，小規模農業経営体の買収において合理的な事業価値の算定が可能となる。具体的には，標準的な経営指標と中古資産の時価評価を組み合わせることで，投資の採算性を確保しつつ，取引の公正性を実現する枠組みを形成できる。この包括的な評価プロセスを通じて，買収者と譲渡者双方にとって納得のいく結果を導き出すことが期待される。

4 農業の持続的成長に企業価値評価手法の普及が果たす役割

　本書を通じて，農業法人の特性に適応した企業価値評価手法を提案するため，理論的枠組みと実践的な応用可能性を論じてきた。本研究の中心的な主張は，農業法人が経済的価値のみならず，社会的・環境的価値を含む包括的な評価が必要であるという点にある。具体的には，第2章では農業法人の持続可能性と成長可能性を評価する枠組みとして，ネットアセット・アプローチやインカム・アプローチを用いた定量的分析に加え，地域性や自然環境との関係を考慮した定性評価の重要性を強調した。この枠組みは，農業法人特有の事業形態に対応しつつ，農業法人の持続可能性と成長可能性を包括的に評価する実践的なツールを提供している。

　第3章では，提案した枠組みを実証的に検証するため，水田作を営むX農業法人を事例として全体構造を分析した。さらに，耕種農業，環境制御型農業，畜産農業の三つの農業類型についても，実地調査やヒアリングを通じて財務データと定性評価を統合した多角的な分析手法を提示した。この結果，各農業法人が抱える具体的な経営課題を明確化し，中長期的な事業計画の策定に向けた指針を示しながら事業価値を評価することができた。

　また，第6章では，第2章で紹介した定性評価の分析枠組みを用いて，農業法人の営農類型ごとの共通課題と個別課題を整理した。耕種農業では組織運営の強化と後継者育成，環境制御型農業では市場低迷への対応を重視した販売戦略，畜産農業では属人的リスク管理の克服，持続可能なリスク管理体制の構築および環境制御型設備への継続的な投資が，事業価値の維持・向上にとって克服すべき課題として特定された。なお，これらの課題解決には，各農業法人が置かれる地域特性や市場環境を踏まえた経営戦略が不可欠である。

　以上の分析を通じて，農業分野における企業価値評価手法の新たな可能性を切りひらき，農業法人の経営課題解決と持続的成長を支援する具体的な道

筋を提示した。本研究の成果は，理論的枠組みと実践的適用の両面から，農業法人の経営効率向上に寄与するだけでなく，持続可能な社会の実現に向けた示唆を与えるものである。

　最後に，第7章第1節から第4節を通じて，企業価値評価の多様なビジネス分野における応用可能性とその実務的意義を解説した。まず，農業法人や一般法人のM&A，事業再生，金融機関の融資審査，投資ファンドの運用といった分野において，資産査定，収益予測，リスク分析を基盤とする評価手法の重要性が明らかにされた。特に，プロジェクション（事業予測）はその中心的役割を果たしており，損益計算書計画やキャッシュ・フロー予測を通じて企業の将来性を合理的かつ具体的に示すことで，投資家や利害関係者との信頼構築を可能にする。本章ではさらに，法務，財務，資産，事業といった各分野の専門家が協働して実施するDDが，評価の妥当性と信頼性を支える重要なプロセスであることに着目した。

　他方で，農業の承継支援においては，農地や施設の時価評価に加え，熟練した技術や地域ネットワークといった無形資産の評価が，持続可能な経営基盤の構築において不可欠であることを示した。これにより，単なる資産取引を超えた持続可能な経営全体の取引が視野に入る。また，承継後のフォローアップ支援において，資金計画や生産計画の合理性を評価するプロセスが，リスク軽減と承継の成功確率の向上において重要である。一方，小規模事業の譲渡においては，地域特性を考慮した標準的経営指標や中古資産の適切な時価評価を組み合わせることで，合理的な事業価値の算定と公正な取引が実現可能であると結論づけられる。

　これらの取り組みは，従来の企業価値評価手法を基にしつつ，対象分野に特化した評価基準を構築することによって実現される。農業や農業に限らず，特殊性の高いといわれる分野においても，汎用的かつ柔軟な分析手法を適用可能とすることで，地域経済の活性化や持続可能な経営の促進が期待される。企業価値評価の枠組みは，単なる数値計算にとどまらず，各分野の専門知識を融合させた包括的アプローチとして，持続可能な社会の実現を支える重要

な道筋を提示していると考えられる。

5　新たな価値創造モデルの提案

　前節では主に本書における企業価値評価手法の開発やその手法の農業法人への適用方法，ビジネスの現場での応用事例の整理という成果を総括した。本節では農業法人における持続可能な取り組みと企業価値との関係性についての研究成果を総括する。

(1)　価値創造型サステナビリティ経営モデル

　「持続可能な取り組みは農業法人の企業価値の向上に貢献し得るのか」というリサーチクエスチョンから，第4章および第5章の実証分析を行ってきた。その結果を整理して，持続可能な取り組みが企業価値に結び付くメカニズムをモデル化したものを図7-7に示す。以下では，持続可能な取り組みを中心として，その実施状況，企業価値との関係性，規定要因，という観点から論点を整理する。そして最後に，企業価値評価の枠組みをこのモデルで改善していくためのポイントを挙げる。

(2)　持続可能な取り組みの相互関係

　農業法人における持続可能な取り組みの実態把握に関して，本書では実践ベースのアプローチ（practice-based approach, FAO）を採用した。その結果，第4章第3節や第5章第3節では，非常に幅広い取り組みの有無を把握することができた。このアプローチのさらに重要な貢献は，環境性や社会性といった従来の枠を超えた取り組みの相互関係の把握にある。因子分析によって明らかとなった取り組みの軸となるテーマの多くは，環境性×外部社会性，外部社会性×内部社会性といった複合的な取り組みであった。これは，先行研究で指摘されてきた実際の農業者の取り組みの目的や実践との乖離というサステナビリティ指標の課題（De Olde et al., 2016）を克服する発見である。

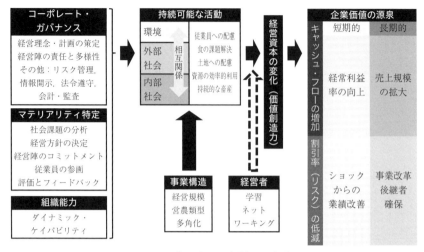

図 7-7 本研究の分析結果の総括

出典：筆者作成

　さらに，こうした取り組みの軸を把握することは，農業者が持続可能な取り組みを通じて成し遂げたい目的についても理解を深めるきっかけとなる。例えば，第4章第3節では「土地への配慮」という軸が抽出されたが，これは水利用の効率化や土壌の保全という環境的な取り組みは，景観や地域コミュニティの維持という外部社会的な取り組みと一体となって実践されており，農業者の目的は広く「地域を守る」ということにあると推察される。この「取り組みとその目的の明確化」もまた，サステナビリティ指標を実践に活用するための重要な要素である（Coteur et al., 2016）。以上の点で本書のアプローチは持続可能な取り組みを把握するうえで重要な視点を提供している。

　持続可能な取り組みの具体的な軸については，用いる調査項目とデータによって異なってしまうが，第4章第3節と第5章第3節に共通する要素を挙げ，関係するステークホルダーの種類から再整理すれば表 7-1 のとおりである。まず，「従業員への配慮」は単なる福利厚生だけでなく，従業員の健康や労働安全，従業員への投資や経営参画の促進など，人材育成に関わる幅広い取り組みが該当する。次に，「食の課題解決」も重要なテーマであり，食

表7-1　持続可能な取り組みのテーマと関連するステークホルダー

	内部社会	外部社会			環境
	従業員	地域住民	消費者	市民全般	
従業員への配慮	○				
食の課題解決		○	○		○
土地への配慮		○			○
資源の有効活用				○	○
持続的な畜産				○	○
農福連携	○	○			

注：筆者作成

育や食文化の維持，食品アクセス問題への対応という消費者に向けた取り組みだけでなく，関連する環境的な課題（有機農業や動植物の保全）の解決や地域資源の有効活用などが組み合わされている。「土地への配慮」については水や土壌の保全に景観維持が加わり，調査によっては地域コミュニティや伝統農法の維持も追求される。「土地への配慮」とは別に，「資源の効率的利用」は再生可能エネルギーの利用や地域資源の有効活用が含まれ，第5章第3節のより細かい調査事項によればメタン排出削減や農地への炭素貯留なども資源の効率的利用による気候変動対策に該当すると考えられる。さらに，畜産経営に限定すれば，「持続的な畜産」は重要なテーマである。第4章第3節では「耕畜連携への取り組み」という軸となったが，その因子負荷量を見れば「動物福祉への配慮」も同様の軸を形成しうることがわかる。そして，第5章第3節で新たに抽出された軸が「農福連携」である。

　以上のように，ほとんどのテーマが多様なステークホルダーへの配慮を必要とするものであり，特定の狭い利害関係者への配慮やコミュニケーションだけでは農業者が目指している持続可能な取り組みを実現することは難しいと考えられる。このように，多様なステークホルダーとともに持続可能な取り組みを発展させることはCSVの具体的なステップの中でも明確に指摘されている（Pfitzer et al., 2013）。一方で，実際には全てのステークホルダーに

246

とって Win-Win のビジネスモデルを容易に構築することはできないことも
あり（Crane et al., 2014），経営陣の思考の枠組みから考え直すメタ認知能力
（Corner and Pavlovich, 2016）や創造性（Freeman, 2017）で課題を解決してい
くことが求められる。その点において，CSV のフレームワークが適用され
てきた大企業と異なり，長年，地域社会や自然環境に根差してきた農業法人
だからこそ複雑な利害関係を調整する役割を果たすことが期待される。

(3)　企業価値の源泉と経営資本

　それでは，以上のような持続可能な取り組みはどのように企業価値の向上
に貢献するのだろうか。ここでは，企業価値に影響する要素をキャッシュ・
フローの増加と割引率（リスク）の低減という二つに分解し，さらに，時間
軸を短期と長期に分けることで，企業価値の源泉を 4 パターンに分類する。
各実証研究の結果を当てはめれば，短期的なキャッシュ・フローの増加には，
持続可能な取り組みによる経常利益率の向上が該当する。さらに，長期的な
キャッシュ・フローの増加には売上規模の拡大意向や売上高成長率の向上が
貢献する。このように，持続可能な取り組みは将来のキャッシュ・フローへ
の影響を通じて企業価値を向上させる可能性がある。

　また，割引率（リスク）の低減に対しては，経営のレジリエンスの分析か
ら，短期的な社会経済的ショックからの回復力と持続可能な取り組みの関係
が示されている。同じくレジリエンスの分析から，長期的なリスク低減に対
しては，持続可能な取り組みがビジネスモデルの変革や新規技術の導入を促
進することが明らかとなっている。また，持続可能な取り組みは後継候補者
の確保にも影響しており，これは適切な後継者の不在により超長期的に企業
価値が大きく棄損するリスクを低下させている。

　以上のように，持続可能な取り組みは農業経営の様々な局面で効果を発揮
する可能性があることが示された。そのメカニズムに迫るための鍵が持続可
能な取り組みと経営資本との関係である。第 5 章第 3 節の分析によれば，多
くの持続可能な取り組みは「有効なビジネスモデルによって蓄積された，経

営資本を改善する力」と解釈できる価値創造力と正の関係があり，さらに価値創造力は経常利益率や売上高成長率という企業価値の源泉と結び付いていた。なかでも，従業員への配慮という内部社会的な取り組みは価値創造力に与える影響が大きいことが示されており，従業員のモチベーションやスキルは企業価値の向上に重要な役割があることを示唆している。

こうした持続可能な取り組みと経営資本の関係は，第5章第2節の事例分析において，各取り組みと経営課題との関係が明確化されており，その結果，様々な経営資本の改善に結び付いていたことからも明らかである。さらに，事例分析より，この経営課題に基づく持続可能な取り組みには経営者が決定的な役割を果たしていた。経営者は取り組みに関連する技術やノウハウの学習を積極的に進め，農業にとどまらない異業種とのネットワークを拡大させることでさらなる学習や事業機会の創出を推進することが求められる。

(4) 多様な規定要因

持続可能な取り組みが企業価値の向上に貢献するとして，そうした取り組みをどのように促進することができるのだろうか。まず，前提として，どのような持続可能な取り組みも農業法人のハードな事業構造（経営規模や営農類型，多角化状況など）の影響を強く受けるため，持続可能な取り組みを通じた企業価値向上のための理想的な組織のかたちは一つではない。例えば，「従業員への配慮」は経営規模が大きく専業的な組織で追求されるが，「社会や自然との共生」は経営規模が小さく多角化した組織で活発である。

その中で，本書が着目したのは組織能力やコーポレート・ガバナンス（CG），マテリアリティ特定など組織のソフトな側面である。まず，第4章第3節では社会経済環境の変化への対応力であるダイナミック・ケイパビリティが持続可能な取り組みにとっても重要であることを示した。つまり，中小規模の農業法人にとっても，持続可能な取り組みは単なるボランティアや慈善活動ではなく，高度な組織能力に基づく活動であることを意味している。

ただし，持続可能な取り組みに関する具体的な意思決定に関わると考えら

れる CG の充実に関わる活動（CG 活動）の役割はより複雑である。まず，CG 活動は「従業員への配慮」には明確な正の影響がある。さらに，この「従業員への配慮」は経営資本の改善への効果が最も大きい取り組みであることから，持続可能な取り組みを通じた企業価値の向上に CG 活動が与える影響は確かに大きいと言える。ただし，その他の取り組みと CG 活動との関係は一概にポジティブではない。その要因として耕種経営と畜産経営の差に着目し，さらに考察として畜産経営の方が経営規模が大きく CG 活動が意思決定に作用しやすいとした。また，CG 活動とトレードオフの関係にある家族経営の愛着（社会情緒的資産）という概念を紹介し，中小規模の農業法人では社会的評判を高めるために経営戦略や長期的視点を欠いた持続可能な取り組みに積極的になる可能性に言及した。よって，CG 活動に関してモデルを精緻化していくには，法人の事業構造や所有構造による CG 活動の役割の変化をとらえる必要があるだろう。

　CG 活動と比較して安定的に持続可能な取り組みと正の関係にあったのは，持続可能性に特化したマネジメントであるマテリアリティ特定である。これは ESG 投資の文脈で企業が実施すべきとされる対策であり，社会課題の分析から経営方針の決定，経営陣のコミットメント，従業員の参画や評価とフィードバックという非常に幅広い分野に及ぶ。そして，このマテリアリティ特定指標と持続可能な取り組みとの関係は一部を除いて正である。よって，持続可能な取り組みを農業法人に普及させていく手段の一つとして，ESG 投資のフレームワークを援用して持続可能性に関するマネジメントを強化することは実効性のある方法だと考えられる。

　それでは，農業法人の CG 活動やマテリアリティ特定の水準を高める政策的手段はあるのだろうか。本書では GAP 認証の取得を例にとり，その効果を検証した。その結果，GAP 認証を取得することで CG 活動が活発になり，さらに，マテリアリティ特定にも影響していることが示された。JGAP やGLOBALG.A.P. の管理点には経営者の責任や経営の見える化，持続可能性への対応などが含まれており，それが機能していると考えられる。このよう

に，前掲図7-7のモデルを促進する政策や制度の設計や検証は今後の重要な課題である。

(5) 実務への応用可能性

最後に，この価値創造型サステナビリティ経営モデルをより実務的な現場に応用していく際の四つのポイントを挙げる。第一に，本モデルが示す通り，持続可能な取り組みはチェックリストのようにその有無を把握するだけでは不十分であり，その目的に応じた取り組みの軸を分析する必要がある。実際の目的は事例ごとに多様ではあるが，軸のパターンは本書が示す通りいくつかにまとめられ，さらに，経営規模や営農類型など事業構造によって取り組みに差があることも示されている。よって，分析対象の経営概況から重点的なチェックポイントを作成することで，効果的に持続可能な取り組みの実態をとらえることができる。

第二に，持続可能な取り組みと企業価値の向上の関係について，利益率など短期的な財務指標だけでなく，長期的な効果も検証に含む必要がある。実証研究から，持続可能な取り組みの売上高成長率や長期的なレジリエンス（対応力）への影響は，短期的な成果への影響と同等かそれ以上の傾向がある。さらに，後継者の確保のような超長期的な効果も持続可能な取り組みの重要なアウトプットである可能性がある。つまり，そうした長期的な企業価値の源泉を軽視することは，持続可能な取り組みの重要な役割を見過ごすことにつながり，正しい企業価値評価にも影響が生じる。

第三に，持続可能な取り組みと企業価値の向上の間に経営資本の改善・蓄積というファクターを入れることである。第5章の分析から，持続可能な取り組みは多様な経営資本への影響を通じて企業価値に貢献していることが示された。この経営資本は，農業の現場における「儲かる」「利益になる」という視点から安易に持続可能な取り組みを評価することを抑止し，その取り組みの役割を丁寧に分析するために必要なファクターである。そして，この持続可能な取り組みと経営資本とを結び付ける経営者の役割にもやはり着目

する必要があり，ここが企業価値の向上にとって決定的に重要である可能性は高い。ただし，第5章第2節の分析でも示されている通り，こうした経営トップの活動とその他の役員や従業員との間の意識や行動のギャップは大きな課題であり，そこも含めて持続可能な取り組みが長期的に成果をあげられるかを評価する必要があるだろう。

第四に，コーポレート・ガバナンス（CG）と持続可能な取り組みとの関係性を整理することである。ESG投資やESG経営という文脈では，CGは環境性（E）や社会性（S）と並記され，相互の関係には深く言及していない。しかし，本書の分析結果から，CGは持続可能な取り組みの促進要因に位置づけられることがわかる。CGは経営全体の意思決定に関わるものであり，その水準が直接的に企業価値を規定していることは先行研究からも明らかである（Zhu, 2014; AlHares, 2020; 加藤, 2019）。ただし，この価値創造型サステナビリティ経営モデルにおいては，持続可能な取り組みの規定要因の一つとして位置づけることで，各取り組みにある背景（例えば，CGとマテリアリティ特定のどちらが影響が大きいのか）を正しく理解することができる。さらにその先には，GAP認証の取得のようにCGの改善を通じた持続可能な取り組みの推進という企業価値向上のロードマップを描くことも可能となる。

6　企業価値評価の活用に向けて

最後に，本書の目的である「企業価値評価のフレームワークの農業法人への応用に向けた論点整理および実証研究」に照らして，本書の到達点を整理する。まず，一般的な企業価値評価の手法を農業法人に適用する際に留意すべき点を，定量評価と定性評価に区別して紹介した。さらに，定量評価によって算出される企業価値の実現可能性を定性評価によって担保することの重要性が強調されている。これは，農業法人の組織能力やCG，経営者の学習意欲やネットワークという経営のソフトな側面が持続可能な取り組みを通じた価値創造に決定的であったことからも裏付けられている。つまり，本書

には「各農業法人がもつ企業価値の源泉となる経営資源を見極めることが重要」という主張が通底している。さらに，その見極めのためには，農業の特殊性や経営規模，営農類型による注意点の違いに十分配慮する必要があることも繰り返し検討してきた。反対に言えば，こうした点さえ考慮すれば，農業法人の企業価値もその他の産業と同様に評価可能であるということを本書では強調してきた。以上のような主張を通じて農業法人の企業価値評価へのハードルを下げることで，ビジネスにおける農業法人の企業価値評価の一層の普及に貢献し，かつ，多様なステークホルダーによる農業法人の価値の正しい理解にもつながることを期待している。

　本書のもう一つのオリジナリティは，以上のような企業価値評価のフレームワークを用いた豊富な実証研究の紹介である。個別事例においては，実際の農業法人の事業価値と事業投下資本の評価額の差分から事業性（のれん相当額）を算出し，その事業性を担保する要素を定性評価から明らかにしている。さらに，その定性評価の妥当性を検証するために10社の農業法人に対する評価結果の比較分析も行ったことで，法人間でその評価には大きな差が生じることや，営農類型ごとに解決すべき課題の傾向が見られたことなど多くの知見が得られた。なお，こうした実証分析には詳細な経営データの整理や経営者とのディスカッションが不可欠であり，これには農業法人自体が組織内部のデータを正しく管理することに加えて，ビジネス，法務，会計といった各分野の専門家の協力を仰ぐ必要があることが議論されており，実務家・研究者にとって大いに参考となるだろう。

　農業法人の持続可能な取り組みによる企業価値の創造をテーマとした分析では主にアンケート調査結果を用いた定量的な分析が採用されている。その理由は，一般的な企業価値評価の研究分野から見ても，持続可能な取り組みによる価値創造は発展途上のテーマであり，今後の研究分野の発展の基礎となるエビデンスを提供することが重要と考えたためである。その結果，農業においては環境的・社会的に持続可能な取り組みが企業価値を向上させることが定量的に示された。これは企業価値評価の中でもとくに定性評価におい

て，持続可能な取り組みの実践状況やその目的，取り組みが経営全体に与える影響などを重要な評価ポイントにする必要性を示唆しており，企業価値評価のフレームワークの理論の一つの発展方向となるだろう。さらに，これらの実証研究の結果は，現在の国際的な農業・環境政策の潮流や日本の農業政策の方向性とも一致しており，本書を通じて企業価値という評価軸をもとに農業や農業法人に関する議論が活発になることを祈念している。

参考文献

加藤康之（2019）『ESG 投資の研究—理論と実践の最前線—』一灯舎.

AlHares, Aws. (2020). "Corporate Governance and Cost of Capital in OECD Countries." *International Journal of Accounting & Information Management* 28 (1): 1-21.

Corner, Patricia D., and Kathryn Pavlovich. (2016). "Shared Value Through Inner Knowledge Creation." *Journal of Business Ethics: JBE* 135 (3): 543-555.

Coteur, Ine, Fleur Marchand, Lies Debruyne, Floris Dalemans, and Ludwig Lauwers. (2016). "A Framework for Guiding Sustainability Assessment and On-Farm Strategic Decision Making." *Environmental Impact Assessment Review* 60: 16-23.

Crane, Andrew, Guido, Palazzo Laura J. Spence and Dirk Matten. (2014). "Contesting the Value of 'Creating Shared Value.'" *California Management Review* 56 (2): 130-153.

De Olde, Evelien M., Frank W. Oudshoorn, Claus A. G. Sørensen, Eddie A. M. Bokkers, and Imke J. M. De Boer. (2016). "Assessing Sustainability at Farm-Level: Lessons Learned from a Comparison of Tools in Practice." *Ecological Indicators* 66: 391-404.

Freeman, R. Edward (2017). "The new story of business: Towards a more responsible capitalism." *Business and Society Review* 122 (3): 449-465.

Pfitzer, Marc, Valerie Bockstette and Mike Stamp. (2013). "Innovating for Shared Value". *Harvard Business Review* 91 (9): 100-107.

Zhu, Feifei. (2014). "Corporate Governance and the Cost of Capital: An International Study." *International Review of Finance* 14 (3): 393-429.

あとがき

田 井 政 晴

　本書では，日本の農業法人が果たす役割の拡大に伴い，その活動が環境，社会，経済に与える影響と，それに対する企業価値評価の重要性について論じました。現時点では，農業法人の企業価値を評価するための理論的枠組みはまだ十分に確立されていませんが，農業特有の収益構造，リスク，制度的要因を適切に考慮した評価手法の構築が進展しつつあります。特に，事業再生を契機にした農業法人の事業譲渡は増加傾向にあり，事業継続のために他企業や投資ファンドへの譲渡を検討するケースも目立っています。さらに，譲渡を受けた側が持つ経営ノウハウや資本力を活用し，事業再建や事業拡大を果たす事例も増加しており，これらの動きは地域農業の新たな成長機会として注目されています。このような状況を踏まえると，農業法人に特化した企業価値評価手法の開発が急務であることを痛感します。

　特に，農業分野における事業譲渡や企業価値評価に関する事例研究は，まだ十分に蓄積されていませんが，今後の研究の進展によって，世代交代が進む農業分野において事業譲渡を希望する経営者と譲受を希望する経営者をつなぐ視点が得られることに大きな意義を見いだしています。農業経営における事業価値の向上を図り，情報の非対称性を解消しながら公正な取引を実現することが，今後の重要な課題です。

　現状の企業価値評価は金融理論に偏る傾向があり，ビジネスプランの定性的な側面が十分に考慮されていない場合が多くみられます。リスクの定量化は金融機関や投資家にとって必要不可欠なプロセスではありますが，農業を事業として正当に評価し，その成長を支える評価手法の確立が，今まさに求められているのです。本書では，こうした課題に取り組み，農業法人に特化した企業価値評価のフレームワークを提案し，その実務的応用に向けた具体

的な方向性を示しました。

　本書の研究成果が，農業法人の企業価値評価の普及に寄与し，農業経営における持続可能な活動の評価がさらに進展することを心より願っています。また，この評価枠組みが，農業法人の持続可能な活動と企業価値の関係を明確にし，関係者が農業法人の真の価値をより正確に理解する手助けとなることを期待しています。さらには，本書が，企業価値評価に携わるビジネス実務家や研究者，農業関係者に新たな視点を提供し，その分野の発展に資するものとなれば幸いです。

　最後に，本書の完成に際し，多くの方々のご支援とご協力を賜りましたことに，深く感謝申し上げます。特に，企業価値評価にご協力いただいた農業経営者の皆様には，会社情報の開示や実地調査において多大なるご支援をいただきました。また，農業分野の融資に携わる公的金融機関や地域金融機関の皆様には，農業経営者や関連企業の紹介のほか，多くの議論にご参加いただき，貴重な知見をご提供いただきましたことを感謝いたします。さらに，行政機関の皆様や，日本農業法人協会の皆様には，農業法人に関する情報提供や貴重なご助言を賜り，議論を深める機会をいただきましたことに厚く御礼申し上げます。

　また，日本農業経営学会の皆様には，研究大会やシンポジウムにおいて発表の場をいただき，耕種農業や畜産農業に関する膨大な研究成果に触れる貴重な機会をいただきました。これらの助力が，本書の完成に大いに寄与したことは言うまでもありません。そして最後に，本研究の初期段階から企業価値評価に関する理論面を支えてくださった，故・笠原真人公認会計士のご尽力に対して，心より感謝の意を表します。彼の存在なくして本研究の進展はありませんでした。改めて，ここに皆様のご尽力に深く感謝し，本書の完成を迎えることができましたことを記して結びといたします。

本書は，JSPS 科研費 JP23750615 の助成を受けて出版された。また，本研究
は，農林水産政策研究所の連携研究スキームによる研究「地域農業の持続可
能性の向上に向けた農業法人の総合的企業価値の評価手法の開発に関する研
究」に基づいて行われた。

初出一覧

第1章：書き下ろし。

第2章：田井政晴「農業の事業性評価手法とM&A」『農業経営研究』60（1）：26-29，および，書き下ろし。

第3章：田井政晴，農林水産政策研究所 Primaff Review, 123, 124, および，書き下ろし。

第4章：吉田真悟「農業法人による ESG 関連活動と経営発展」『農業経営研究』60（4）：17-31. および，Yoshida, S. (2024). Impact of sustainability integrating environmental and social practices on farm resilience: a quantitative study of farmers facing the post-COVID-19 economic turbulence in Japan. Frontiers in Sustainable Food Systems, 8: 1341197.

第5章：吉田真悟「農業法人による持続的な取組の実態とトップランナーの特徴」『2022 年全国農業法人実態調査レポート』日本農業法人協会 https://d2erdyxclmbvqa.cloudfront.net/wp-content/uploads/20240411171225/240416_report.pdf，および，書き下ろし。

第6章：書き下ろし。

第7章：田井政晴「農業の事業性評価手法とM&A」『農業経営研究』60（1）：26-29，および，書き下ろし。

執筆者紹介

吉田真悟
農林水産政策研究所農業・農村領域研究員。2019年東京大学博士（農学）。2016年英国ニューカッスル大学農村地域経済研究センター客員研究員。2019年より現職。専門は農業経営学，都市農業。2020年東京大学而立賞，2022年日本農業経済学会奨励賞など。主著に『都市近郊農業経営の多角化戦略』（東京大学出版会，2021），『都市農業の持続可能性』（日本経済評論社，2023，共編著）など。

田井政晴
株式会社事業性評価研究所代表取締役社長。2017年事業性評価研究所設立，2021年代表取締役就任，1993年株式会社三友システムアプレイザル入社，不動産評価業務に従事，2009年取締役就任（現職）。ASA（米国鑑定士協会）上級認定資産評価士，専門は事業価値評価，機械設備・動産評価などの資産評価。主著に，『農業法人のM&A』（筑波書房，2023，共著）など。

企業価値評価と農業法人
── 持続可能性による価値創造

2025年3月26日　第1刷発行

著　者　　吉　田　真　悟
　　　　　田　井　政　晴

発行者　　柿　﨑　　　均

発行所　　株式会社 日 本 経 済 評 論 社

〒101-0062 東京都千代田区神田駿河台 1-7-7
電話 03-5577-7286／FAX 03-5577-2803
E-mail: info8188@nikkeihyo.co.jp

装幀・徳宮峻　　　　　　　　　藤原印刷／誠製本

落丁本・乱丁本はお取替いたします　　Printed in Japan
価格はカバーに表示しています

© YOSHIDA Shingo and TAI Masaharu 2025

ISBN 978-4-8188-2676-2 C3061

・本書の複製権・翻訳権・上映権・譲渡権・公衆送信権（送信可能化権を含む）は，㈱日本経済評論社が著者から委託を受け管理しています。
・ JCOPY 〈（一社）出版者著作権管理機構　委託出版物〉
本書の無断複製は著作権法上での例外を除き禁じられています。複製される場合は，そのつど事前に，（一社）出版者著作権管理機構（電話 03-5244-5088，FAX 03-5244-5089，e-mail: info@jcopy.or.jp）の許諾を得てください。

都市農業の持続可能性
八木洋憲・吉田真悟編著　本体 4400 円

都市農業経営論
八木洋憲　本体 3900 円

変貌する水田農業の課題
八木宏典・李哉泫編著　本体 4500 円

EU 青果農協の組織と戦略
李哉泫・森嶋輝也・清野誠喜　本体 5800 円

持続可能性と環境・食・農
廣政幸生編著　本体 2500 円

農業を市場から取りもどす
―農地・農産品・種苗・貨幣―

林公則　本体 3200 円

小麦生産性格差の要因分析
―日本と小麦主産国の比較から―

関根久子　本体 3900 円

日本経済評論社